KB250374

YES!
인간복제

Original title

"Oui au clonage humain"
(Yes to human cloning)

Published by: Messenger Corp.
K.P.O. Box 399, Seoul. Korea

ISBN: 89-85192-09-4 03300

이 책은 국제 라엘리안 무브먼트를 통해 저자와 한국어판 번역에 대한 계약을 체결하고 완역 출간한 것입니다.

YES!
인간복제
Yes to human cloning

Rael

도서출판 메신저

목 차

※주의 : 본문에 나오는 「신인류(new-man)」라는 단어는 인류를 의미한다. 이 단어는 남성과 여성 양쪽을 성적인 차별없이 모두 포함하는 것으로서, 이 단어의 어원인 산스크리트어의 「마나(mana)」가 사람을 가리키는 것과 마찬가지이다.

책머리에

1974년 나는 우주인 엘로힘(성서 히브리원전 : '하늘에서 내려온 사람들')과의 접촉에 관해 「진실을 알리는 책(한국어판 : 우주인의 메시지)」을 세상에 내놓았다. 엘로힘은 실험실에서 우리 인류를 과학적으로 창조했지만, 우리의 조상들은 그것을 이해하기에는 너무나 원시적이었고 과학에 무지했기 때문에 그들을 「신」 또는 「신들」이라고 불렀다. 당시 「UFO 현상」에 대한 대중의 높은 관심 덕분에 나의 책은 성공을 거두었고, 또 전세계를 다니며 행한 나의 강연도 성공을 거두었다.

그러나 내가 "이제 곧 복제를 이용하여 인간도 생명을 창조할 수 있게 되고 또 영원한 삶도 가능하게 될 것이다" 라고 말했을 때, 많은 사람들은 바보같이 배를 잡고 웃어댔다. 그들은 너무나 둔감하여 미래를 엿볼 능력조차 없었으며, 자기들이 지닌 상식이 곧 폐기처분될 것이라는 사실도 알 수가 없었다.

  그 후 27년, 돌리와 같은 복제양들이 몇 마리 출현한 뒤에야 비로소 그들은 웃음을 멈추고, 내가 공언했던 일이 실현된 사실에 놀라기 시작했다.

  이제 차의 기어를 상단으로 바꾸고 우리 앞에 놓인 미래를 밝혀야 할 때가 왔다. '베이비 붐' 세대의 사람들이 이제 나이가 들어 '노인 붐' 세대가 되었다. 이 낡은 세대의 사람들은 대부분의 노인들과 마찬가지로 새로운 것을 이해하거나 그것에 적응하는 것이 불가능하다. 그들은 그동안 자기들의 몸에 밴 것들이 사라질지 모른다는 공포감을 갖고 다가오는 변화를 지켜보고 있다. 이와는 반대로 새로운 세대의 젊은이들은 새로운 기술에 의해 생겨난 새로운 가치관에 대해 아무런 문제없이 적응하고, 이러한 사회 속에서 자신들이 있을 장소를 찾아내고 있다.

  5, 6세 때부터 자신의 컴퓨터를 손으로 두드리고 놀며 성장해온 젊은 세대의 뇌는 나무나 금속으로 된 장난감밖에 만지지 못했던 사람들의 어느 정도 위축된 회백질의 뇌와 비교해 볼 때 분명히 다른 면이 있다.

  「20세기의 인간」 즉 낡은 세대의 사람들이 다가오는 미래세계에 완전히 적응한다는 것은 불가능한 것처럼 보인다. 흔들리고 있는 권위에 집착하는 노인들은 신인류를 향한 멈출 수 없는 발전을 규제하거나 방해하려고 할 것이다. 그러나 그들은 이런 발전에 대해 어떻게 해볼 도리가 없다. 이 새로운 문명 속에서 「20세기의 네안데르탈인(neanderthal)」들이 얼마나 우스꽝스러운 존재들인지 우리는 곧 깨닫게 될 것이며, 그들은 결국 역사박물관, 아니 선사박물관으로 쫓겨나게 될 것이다.

사람을 복제하는데 반대한다는 것은 영원히 사는 데 반대한다는 것이나 같은 말이다. 어떤 의미에서는 이것도 좋은 일이다. 영원한 생명에 반대한다면 그들은 결국 죽을 수 밖에 없다. 따라서 그들은 「과학에 의한 영원한 생명」이라는 선물을 기쁘게 받아들이는 새로운 세대를 위해 길을 비켜주는 셈이 되며, 죽기를 원하지 않는 사람들이 이 새로운 가능성의 혜택을 받을 수 있게 된다.

영원히 산다는 것이 의무가 되어서는 안된다. 실제로 영원한 생명은 그것을 희망하는 사람들에게만 주어져야 한다. 생각해보면 인생을 행복하다고 생각하지 않는 사람들로서는 영원히 산다는 일이 견딜 수 없는 고통일 것이다. 우울증에 시달리는 사람들 중에는 75세라는 「평균수명」만큼 산다는 생각조차 견딜 수가 없어서 그 수명에 도달하기 훨씬 전에 자살해버리는 사람도 있다.

「영원한 생명」은 자유롭게 선택할 수 있어야 하며, 결코 강요되어서는 안된다. 따라서 이 개념은 오직 삶이 행복한 사람들, 인생이 가져다주는 기쁨을 멈추고 싶지 않은 사람들로부터만 지지를 받을 수가 있다.

바로 이 때문에 「행복」과 「기쁨」은 신인류의 철학에서 참으로 중요한 부분이다.

"인생은 고통과 희생을 위하여 있는 것이다"라는 교육을 받고 자란 사람들은 당연히 이 「비극의 골짜기」에서 벗어나기 위해 죽음을 추구할 것이다.

반대로 "우리들은 기쁨을 위하여 태어났으며, 주위의 모든 사물들은 그것으로부터 기쁨을 이끌어 내거나 기쁨을 더욱 크게 만들 수 있는 무한한 자극의 원천이다"라고 배우며 자란 사람들은 당연히 끝없이 새로운 기쁨을 영원히 즐기고 싶을 것이다.

라엘

브리짓트 봐셀리에 박사의 서문

생화학교수
클로나이드 책임자

"언젠가는 인간을 복제하는 것이 가능하게 되고 영원한 생명에도 도달하게 될 것이다. 언젠가 우리들은 빛보다 빠른 속도로 여행하게 될 것이다. 언젠가 우리들은 노화를 조절하는 것이 가능하게 될 것이다."

그것은 7년 전의 일이었다. 어느 날 저녁, 함께 식사를 하기 위해 나를 찾아온 직장동료 미셸은 엘로힘에 의한 지구생명체들의 과학적 창조설, 이 지구상에서 우리들의 행동을 이끌어 가야 할 가치관, 미래에 일어날 수 있는 일, 상상의 힘, 내일을 꿈꾸는 일 등등을 단숨에 쏟아 놓음으로써 단 30분만에 나의 작은 우주에 혁명을 일으켜 버렸다.

그 후 일주일간의 일을 어떻게 설명하면 좋을까? 나 자신의 과학적 엄격성, 죄의식을 심어준 카톨릭 교육, 과학자로서의 호기심, 이 새로운 이론에 대한 본능적인 열정 사이에서 나의 뇌세포는 거의 숨쉴 겨를도 없었다.

그래서 나는 나 자신의 과학적 엄격성을 나의 직관에 맡겨두기로 하고 수 개월 동안 손에 닿는 대로 진화론, 인류의 과거 문명 및 종교에 관한 책들을 읽으며 보냈다. 그리고 또한 나는 현대과학에 대해 다른 관점에서 살펴보기 시작했다. 나는 당시 에어리퀴드사 연구소의 부소장으로서 과학은 바로 나의 일상생활의 일부였다.

책들을 읽어나감에 따라 나의 시야를 가리고 이해를 방해하고 있던 두꺼운 장막이 걷히고, 지금부터 7년이나 전이었음에도 불구하고 나는 우리 인류가 단숨에 생명의 창조자 및 재창조자가 되려 하고 있다는 사실을 이해하게 되었다.

"과학자로서 복제, 영원한 생명 등에 관해 말하는 라엘의 메시지 책을 읽는 것에 무슨 문제는 없었는가"라는 질문을 수시로 받고 있지만, 나의 대답은 언제나 '그렇다'이다. 나의 마음에 걸리는 것은 없었으며, 다만 과학자로서 다음과 같은 논리적인 추론을 할 수 있었다. 이 추론은 화학자로서의 지식에 근거한 것으로서 "만약 어느 구조 속에 하나의 분자가 갇힘으로써 한 번 또는 연속적인 화학반응이 일어나도록 되어 있다면, 그곳에는 정반대로 이미 일어난 화학반응을 되돌릴 수 있는 화학물질 또는 화학물질조합이 반드시 존재해야 한다"라는 것이었다.

실제로 나의 추론은 이언 윌무트(Ian Wilmut) 박사가 양의 DNA를 다른 양의 미수정난자에 삽입했을 때 명백히 확인되었다. 이 난자에는 유전자코드 즉 DNA를 원래 상태로 되돌릴 수 있는 화학물질조합이 포함되어 있었다. 바로 이 화학물질이 그 DNA를 원래의 배아상태, 즉 분화되기 전의 상태로 되돌려 놓았던 것이다. 따라서 세포분열이 처음부터 다시 시작되었고, 그 결과 하나의 새로운 배아가 생겨났다. 한마디로 표현하자면 이와 같은 과정이 생물의 복제를 가능하게 만든다는 것이다. 그리고 내가 처음 메시지를 읽은지 4년 후 포유류로서는 최초로 돌리가 복제에 의해 탄생되었는데, 그 원리는 바로 위에서 이야기한 것과 같다.

나도 라엘처럼 세상의 확립된 권위가 표방하는 의견과는 상반되게 복제가 현실이 될 것이라고 발언했다. 그것은 내가 미친 과학자였기 때문이던가? 아니다. 나는 다만 내 눈을 가리고 있던 두꺼운 천을 떼어버리고, 과학자로서의 엄격성을 보다 올바른 방향으로 나타냈을 뿐이었다.

한가지 더, 물리학적 관측에 의해 매초 30만 km 라는 일정한 속도를 갖는 것으로 이론이 확립된 광속도에 대해 생각해보자. 지구 주변의 조건에서 측정한 값이 대체로 그렇다고 해서, 그것을 감속 또는 가속시킬 수 있는 조건은 있을 수 없다고 단언할 수 있을 것인가? 우리는 이 한정된 조건을 수용해야만 하는 것인가? 최근 4년 동안 세계의 많은 대학교에서 이 주제를 연구하고 있는 많은 과학자들이 빛의 속도를 변화시킬 수 있는 방법이 있음을 발표했으며, 또한 그것이 가능하다는 사실이 복수(複數)의 실험에 의하여 거듭 밝혀졌다. 이것은 너무나 당연한 일이다!

현재 많은 이론물리학자들이 이런 결과를 수용할 수 있는 이론을 도출해 내려고 노력하고 있으므로, 새로운 물리이론이 출현하는 것도 그리 먼 장래의 일은 아니다. 그러나 이것이 또다시 새로운 눈가리개가 되고, 모든 학생들은 그것을 배우게 될 것인가? 나아가 그 이론도 또 새로운 이론에 쫓겨나고, 더욱 뛰어난 이론에 의해 앞의 이론이 또 다시 쫓겨나는 식으로 무한으로부터 배울 수 있는 것은 무한히 많다는 논리에 따라 이러한 일이 무한히 반복될 것인가? 이런 생각까지 학생들에게 가르칠 수 있는지 어떤지는 모르겠다. 그러나 역사는 "오늘 우리가 비웃고 있지만 그것은 잘못된 행동이다"라는 말이 입증된 사실이 많이 있었음을 말해주고 있다.

1894년 알버트 마이클슨(Albert Michelson)은 시카고대학교 물리학연구소의 개설을 축하하는 연설 중에 "물리학에 있어서 가장 중요한 사실과 법칙들은 모두 발견되었다"라고 선언했다. 이것은 당시 과학계에 있어서 대다수의 과학자들이 가진 의견이었다. 그러나 그로부터 불과 10년 후 아인슈타인은 당시의 우주관에 혁명을 불러일으킬 최초의 논문을 발표했다. 아이러니컬하게도 아인슈타인의 업적은 상당 부분 마이클슨의 연구결과에 바탕을 두고 있었다.

1933년 노벨상을 수상한 영국의 물리학자 어니스트 러더퍼드(Ernest Rutherford)는 핵분열이 처음으로 증명된지 얼마 후 "원자에 의해 만들어지는 에너지란 별 것이 아니다. 이 에너지변환을 근거로 새로운 에너지원을 발견해내려는 사람들이 있지만, 그런 사람들은 환상을 보고 있는 것이다"라는 의견을 천명했다. 알버트 아인슈타인도 그의 말에 동의하여 "세월이 아무리 흐르더라도 핵에너지를 끄집어낼 수 있는 수단을 절대 만들어낼 수 없을 것이다"라고 말했다. 그러나 그로부터 12년 후 히로시마에는 원폭이 투하

되었다.

이와 같이 우리는 소위 선구자들도 종종 눈가리개를 쓰게 되어버린다는 사실을 알 수가 있다. 이런 일은 내가 특히 좋아하는 아서 C. 클라크(Arthur C. Clarke)가 "탁월한 과학자가 비교적 나이가 든 뒤 '어떤 것이 가능하다'라고 말할 때 그것은 대부분 옳다. 그러나 '어떤 것이 불가능하다' 라고 말할 때는 그것이 틀릴 확률이 상당히 높다" 라고 언급했던 일을 떠올리게 한다.

역사가 그것을 말해주고 있다. 혁명적인 사고에는 모두 「불가능하다」라는 꼬리표가 붙여지고 우선 거절당한다. 때때로 사람들은 거기에 「괴물같다」라든가 「잔인하다」라는 등의 꼬리표를 붙인 뒤, 그것이 더 이상 밖으로 나가지 않도록 온갖 조치를 해두고서는 마음을 놓는다. 그러나 수년 후 그 꼬리표는 「불가능하다」라는 것에서 「가능할지는 모르겠지만 그에 따른 희생도 클 것이다」라는 것으로 변하고, 뒤이어 「그것이 올바른 생각이었다고 나는 언제나 주장해왔다」 라는 식으로 순식간에 변해버린다.

혁명적인 사고에 동반되는 이 법칙은 과학의 모든 분야에서 찾아볼 수 있다. 위에서 나는 물리학 분야의 잘 알려진 예를 들었지만, 생물학이나 의학 등의 분야에서도 새로운 사실이 인간과 관계가 있고 또한 「신」의 개념과 관계가 있는 것이라면, 그것은 곧 커다란 파문을 불러일으키게 되고 완전히 동일한 일이 벌어진다.

19세기초 외과의사들 사이에 마취제의 사용이 상당히 보급되었다. 그러나 윤리주의자들은 마취제가 분만시의 고통을 완화시키는 목적으로 사용되는 것에 격렬하게 항의했다. "성서에 여성은 고통과 함께 아기를 낳으리라고 쓰여 있지 않은가? 출산할 때 여성의 고통을 완화시킬 목적으로 약품을 투여하는 것은 신의 의사(意思)에 반하는 행위로서 결코 용납될 수 없는 일이다"라고 말하면서...

그러나 그런 주장에 개의치 않았던 빅토리아 여왕(아기를 아홉이나 낳았다)이 마취제를 사용하기로 결단을 내린 뒤부터는 윤리주의자들도 목소리를 낮추게 되었고, 그 약품은 널리 활용되기 시작했다.

이 역사적 사실은 이와 같이 새로운 일에는 반드시 신의 법칙을 들고 나오는 몽매주의자들에 대한 커다란 승리였다. "너희는 신을 흉내내서는 안된다"라는 의미로 말하며 복제에 대해 반대의사를 천명한 요한 바오로(John-Paul) 2세의 기사를 읽었을 때, 나는 웃음을 참지 못하면서도 한편으로는 분개했다.

'신을 흉내내는' 외과의사들에 의해 자신의 생명이 몇 번씩이나 구원받았고, 그들이 없었다면 자신은 이미 이 세상에 존재하지 않을 것이라는 사실을 어떻게 그가 잊어버릴 수 있단 말인가? 다른 곳에서는 영원한 생명을 얻을 수 있다고 설교하고 기도하면서, 가까운 장래에 복제기술로 실현될 수 있는 영원한 생명에 대한 사람들의 당연한 욕구를 어떻게 부정할 수 있단 말인가???

어떻게 그는 노화의 원인을 밝히려는 연구에 항의할 수 있단 말인가? 그의 선배인 비오(Pius) 11세는 스위스에 있는 회춘 클리닉 폴

니하우스에서 양의 태아주사를 정기적으로 맞았는데, 이 사실에 대해서는 전혀 양심에 걸리지 않는단 말인가?

장수(長壽)를 간절하게 바라는 것은 자연스러운 일이기 때문에 과학자들은 아주 빠른 시일 안에 연구를 성공시킬 수 있을 것이다. 라엘은 오래전부터 이 문제에 관해 언급해왔으며, 이 책에는 그것이 더욱 상세하게 쓰여 있다.

처음 메시지와 메신저 라엘을 만난 지 7년이 지난 지금, 나는 그를 「사랑하는 예언자」라고 부르고 있다. 그리고 그의 예언과 가르침이 불러일으키고 있는 혁명의 중요성을 그 어느 때보다 더욱 강하게 느끼고 있다.

눈가리개를 벗어 던지기로 의식적인 선택을 했을 때, 눈에 들어온 풍경은 그 얼마나 감격적인 것이었던지!

"창조자들로부터 온 메시지와 라엘의 가르침을 전하기 위해 당신처럼 그렇게 몰두할 가치가 있는 것인가"라는 질문을 자주 받는다. 그에 대한 나의 대답은 변함이 없다. 그것은 예언자의 눈길에서 읽을 수 있는 사랑이 언제나 변함없는 것과 마찬가지이다. 이 글은 그의 사랑에 대한 나의 작은 보답이다.

나는 이 혁명을 불러일으키는 일을 하는 것이 행복하다. 나는 이 지구를 대혼란 속으로 빠뜨리는 여주인공으로서 행복감을 느낀다. 특히 실제로 인간을 복제하는 작업을 개시하는 일은 더욱 그렇다. 미래에 일어날 일을 알게 되었을 때, 라엘이 밝히고 있는 일들의 웅

대한 스케일을 이해하게 되었을 때, 그것을 나 혼자만의 것으로 지니고 있을 수 만은 없었다. 라엘의 저서들을 읽은 뒤 나의 내면에는 상상도 할 수 없었던 힘과 평정심이 생겨났다. 나는 그것을 확실히 느끼고 있다. 그리고 나는 이 마음을 당당하게 견지(堅持)해나갈 것이다.

과학적 창조설에는 「불가능하다」 라는 꼬리표가 항상 붙어 다닌다. 어떤 국가들은 「위험하다」 라는 꼬리표조차 붙이고 있다. 이 설을 떠받치는 과학적, 사회적, 정치적 예언들은 종종 터무니없는 것으로 치부되고 있으며, 예언자 라엘 자신은 그의 선임자들과 마찬가지로 자신이 태어난 나라에서는 사기꾼 취급을 당하고 있다.

그런 중에서도 그는 사랑에 관해 말하고, 무한에 관해 말하고, 기쁨과 의식의 세계를 가르치며, 우리가 이루어야만 할 길을 보여주고 있다.

과거의 역사가 우리에게 분명히 말해주고 있는 것은, 이와 같은 혁명적인 사고가 미래를 건설한다는 것이다. 그래서 나는 과거의 역사에 대한 탐구는 이제 그만 두고, 내가 자신있게 선택한 미래를 향해 과감히 나아가기로 결심했다.

장차 노화라는 것은 과거의 이야기가 되고, 죽음도 회피할 수 없는 것이 아니라 인간이 선택할 수 있는 것 중 하나가 될 것이다. 나는 우리 인류사회가 이에 관한 연구를 금지하지 않고, 이러한 변화에 현명하게 대응해 나갈 수 있을 것이라고 믿고 있다.

오늘도 나는 사소한 사고(事故)로 어린 아기를 잃었다고 호소하는 부모로부터 전화를 받았다. 나는 모든 노력을 다해 그 아기의 유전 자코드가 다시 한번 자신을 표현하도록 만들 것이다.

"나는 나 자신의 눈가리개를 완전히 벗어 던졌는가? 나를 제한 하고 있던 모든 것을 극복해냈는가?" 그렇게 했다는 척 할 생각은 없다. 그러나 나는 나 자신에게도, 나의 희망에 대해서도, 나의 상 상력에 대해서도, 사랑하는 예언자를 향한 나의 사랑에 대해서도, 그를 위하여 일하고 있는 많은 사람들을 향한 나의 사랑에 대해서 도, 그의 가르침을 받아들인 지구상의 모든 사람들을 향한 나의 사 랑에 대해서도, 어떠한 한계를 두지 않기로 했다.

아름다운 미래를 발견할 준비를 갖춘 독자 여러분 「불가능하 다」라는 단어가 여러분의 뇌 속으로 스며들지 않도록 하세요. 그 단어는 여러분을 다시 무의미한 과거로 되돌릴 뿐이니까...

라엘, 당신이 발전시킨 이 「과학의 의식(意識)」을 우리들에게 가르쳐주신데 대해 감사드립니다. 아니 이 말은 「의식의 과학」이 라고 표현하는 것이 좋을지도 모르겠군요.

당신을 도와 일할 수 있는 커다란 특권을 주셔서 감사드립니다.

브리짓트 봐셀리에 phD
라엘리안 과학프로젝트 책임자
클로나이드 책임자
생화학교수

마커스 웨너 박사의 서문

정신신경면역학자

인류는 지금 낙원의 입구에 와 있다. 인간의 탄생이래 사람들은 언제나 이 날을 꿈꾸어 왔다. 그러나 바로 그 입구 앞에 서 있으면서도 그것을 볼 수 없는 사람들이 아직도 많이 있다. 마치 전쟁은 몇십년 전에 이미 끝났는데도 그것을 모른 채 정글의 늪지대에 숨어 있는 최후의 병사들처럼... 현실은 평화시대인데도 아직 전쟁에 집착하고 있는 것이다. 이와 같은 사람들은 라엘이 이 책에서 말하고 있는 「신 네안데르탈인(neo-neandertals)」들이다. 그들은 어딜 가더라도 시대에 뒤떨어진 낡아빠진 가치관의 쇠사슬을 발에 매달고 질질 끌면서, 어딘가에 문제가 있음을 느끼고는 있지만 자기 자신이 그 문제를 지니고 있다는 사실을 알아차리지 못한다.

우리는 모두 교육을 받으며 성장했다. 그리고 우리가 받은 교육의 내용은 대부분 과거에 관한 것들이다. 따라서 미래로 향한 길을 발견해내고자 노력하고 있는 우리 자신은 실은 과거의 덩어리인 셈이다. 이것은 마치 어릴 때 샀던 낡은 지도를 가지고 전혀 새로운 한 번도 가본 적이 없는 곳을 찾아가려는 것과 마찬가지이다. 당연히 많은 사람들이 길을 잃고 헤매게 된다!

그러나 그렇게 되어서는 안된다. 우리는 현실을 보는 방식을 십대에 모두 결정해 버려서는 안된다... 피터팬처럼, 어린 시절의 꿈을 버리지 말아야만 한다. 상상력에 충만하여 경이(驚異)의 눈으로 세상을 보는 힘을 잃어버려서는 안된다. 성장하는 방법도, 보물을 찾기 위해 지도를 새로 그리는 방법도 잊어버려서는 안된다. 이것이야말로 보물섬을 향한 최후의 일보를 위해 필요한 것이다. 과거의 두려움 때문에 뒷걸음질치는 대신 마지막 남은 쇠사슬을 풀어버리고 우리 앞에 놓인 이 세계에서 많은 긍정적인 면을 발견할 수 있다면, 우리는 이제 낙원에 도착하게 될 수 밖에 없다. 쇠사슬에 매여 있는 상태로서는 뛰어오를 수가 없다. 낙원으로 향한 길은 어른들이 지나가기에는 너무나 협소하다. 그 길은 모든 것에 대한 호기심이 가득하고, 꿈을 꿀 수 있고, 무조건적인 사랑을 할 수가 있고, 상상력이 넘쳐흐르고, 또한 순진무구한 존재인 어린아이들만이 지나갈 수가 있다.

모든 위대한 철학자들이 이 날을 꿈꾸어 왔다. 고대 그리스인들로부터 현대의 사상가들이나 예술가들에 이르기까지... 그 모든 사람들을 생각해 보라.

과거 인류는 손을 써서 힘든 노동을 했고, 자연의 위력에 복종했다. 더욱 나빴던 것은 사람들이 지배자의 폭정에 굴복하지 않으면 안되었다는 것이다. 삶에 있어서 엄청난 고통을 겪었던 과거 수많은 세대의 어머니들, 우리 조상들을 생각해 보라. 그들에게는 약도 없었고 의료보험도 없었다. 내일 먹을 양식을 구할 수 있을지 없을지도 몰랐으며, 남편이 다음날 살아서 돌아올 수 있을지 조차도 알수가 없었다. 옆 고을의 포악한 적들이 언제 쳐들어올지 몰라 두려워 했으며, 다른 생각을 가졌다고 종교적 징벌을 받는 것이나 아닌가 하고 두려워했다. 지주의 채찍을 두려워하고, 병에 걸리지나 않을까 항상 두려워하며 살았다. 얼음처럼 차가운 물에 손은 마비되다시피 얼고, 따뜻하게 몸을 덮어줄 침구조차 변변히 없었다. 운이 좋아야 겨우 이가 들끓는, 짚을 우겨 넣은 이불 한 장 가질 수 있었을 뿐이었다. 어린 시절부터 하루 16시간 이상씩이나 굉음을 내뿜는 공장에서 노동한 끝에 거의 귀머거리가 되어 버렸고, 언제나 스트레스에 시달린 나머지 뇌는 손상되었다.

오늘날과 비교해보면 생활은 무지와 두려움과 잔혹함으로 점철(點綴)되어 있었으며, 육체뿐 아니라 정신에도 상처를 입히는 끝없는 고통의 연속이었다. 당연히 타락한 종교는 '이 고통은 좋은 것이며 천국으로 가는 열쇠'라고 말했다. 그래서 사람들은 뼈가 빠지는 듯한 노동 속에서도 희망을 가졌다. 우리 아이들은 더 나은 생활을 할 수 있을거야... 미래는 더 밝은 세상이 될거야... 나의 고통은 헛되지 않을 것이며 언젠가 천국에서 보상받게 될거야...

그 천국이 바로 오늘이다! 우리는 조상들의 고통으로 이룩된 천국의 보답을 받고 있는 것이다. 우리는 희생이라는 사슬의 마지막

고리이다. 어머니는 아이에게 자신의 인생을 바치고, 아이는 문자 그대로 어머니의 젖으로부터 그녀의 인생을 빼앗아 먹고, 그리고 또 다음 세대의 아기에게... 그렇게 계속되어 왔던 것이다.

화형에 처해져 목숨을 잃기도 하고, 암살당할 위험을 무릅쓰기도 하며, 오로지 후손들에게 자신들의 꿈을 물려주기 위해 자유를 추구 하며 투쟁했던 사람들... 어느 시대에나 선을 취하고 그것을 더욱 선한 것으로 만들며, 악에 대해서는 분연(憤然)히 일어섰던 훌륭한 사람들이 있었다. 각 세대의 과학자, 건축가, 상인, 지도자, 교사들은 자신들 이전의 사람들로부터 배우고 또 자신들이 이룩한 작은 업적들을 가미해가며 (때로는 이전의 것을 제거하며), 오늘날 우리가 살고 있는 세계의 기초를 만들어왔다. 인류는 거대한 토템 폴〈totem pole: 북아메리카 원주민들이 숭배의 대상이 되는 동물 등의 형상들을 새겨서 집이나 마을 앞에 세워두는 기둥: 역자 주〉과 같다. 인간이 에덴동산에서 쫓겨난 이래 지금까지 각 세대가 그 선조의 어깨 위에 올라 앉아 있다. 그리고 마침내 우리는 흙바닥에서 몸을 일으켜 세워 모든 과거의 누적(累積) 위에서 머리를 쳐들고, 이제 겨우 한숨을 돌리며 눈에서 흐르는 눈물을 닦을 수 있게 된 것이다.

간단한 연필에서 아주 복잡한 컴퓨터까지 우리 주변에 있는 모든 것들은 우리들보다 앞서 살다간 수많은 사람들의 수고 덕분에 존재 한다. 현재 살고 있는 인간의 자유는 모두 과거에 흘렸던 피의 보상인 것이다. 한 사람 한 사람이 긍정적인 역할을 하거나 부정적인 역할을 해왔지만 현재의 최종적인 결과는 긍정적이다. 오늘날 우리가 살아 있는 것은 오랜 세월동안 어려움을 견뎌내고 자신들의 유전자가 죽음을 맞기 전에 그것을 우리에게 물려준 사람들 덕분이다. 마치 디킨즈의 소설에 나오는 불쌍한 거지 아이들이 필사적으로 릴레이 경주를 하는 것처럼... 당신의 인생을 그들의 인생과 비교해 보라. 우리가 생존에 대한 걱정을 하지 않고, 사색에 잠기거나 느긋한 시간을 보낼 수 있게 된 것은 오로지 그들 덕분이다. 특히 그것은 인류의 발전을 위해 공헌했던 사람들, 새로운 것을 만들어냈다고 해서 사회로부터 멸시받거나 심지어 박해까지 당했던 사람들 덕분이다. 그들의 인고(忍苦)로써 어떻게든 오늘날까지 끌고 올 수가 있었던 것이다.

이제 우리가 들어서려고 하는 이 시대, 그들이 꿈속에서 밖에 볼 수 없었던 행복한 황금시대가 바로 코 앞에 있다. 우리는 혁명가, 이단자, 추방자, 기타 시대를 앞서갔기 때문에 각종 낙인이 찍혔던 무수히 많은 사람들이 꿈꾸어왔던 시대에 들어서고 있는 것이다. 우리는 그들을 위해 마지막 한 바퀴를 마저 돌지 않으면 안된다. 그렇게 하지 않는다면 그들이 겪었던 고통은 헛된 것이 되고 만다. 미래의 언젠가 우리가 그런 기술을 갖게 되었을 때, 인류의 진보를 위해 자신의 인생을 바쳤던 사람들 중 몇몇 사람들을 되살려내기로 결정하게 될지도 모른다. 그들에게는 분명 천국으로 여겨질 이 곳에서 새로운 삶을 마음껏 즐길 수 있도록... 그러나 이것은 또 다른 이야기이리라...

상상해 보라. 사람이 일하지 않아도 자동적으로 먹을 것을 만들어낼 수 있는 날을... 우리에게 필요한 것은 모두 로봇이 만들어 주는 세계를... 그것은 마치 굶주리고 있던 아이들에게 어느 날 갑자기 먹을 것이 무진장 생기고, 갖고 싶은 장난감을 마음껏 가질 수 있고, 받고 싶은 교육을 얼마든지 받을 수 있게 되는 것과 같다. 모든 사람들이 갑자기 평등한 지구시민으로서 온갖 기회를 갖게 되는 것이다.

그렇게 되었을 때 당신은 어떻게 하겠는가? 당신의 시간을 어떻게 보내겠는가? 이제 당신은 매일 일터로 가서 자신의 몸과 마음을 다른 사람의 이익을 위해 빌려줄 필요가 없게 된다. 회사는 사라지고 출근할 필요도 없다. 그 대신 헤아릴 수 없이 많은 무료 가게나 로봇 요리사가 운영하는 레스토랑으로 이리저리 놀러다니며, 재미있는 친구들과 마음껏 사귀거나 요리를 실컷 즐길 수 있다. 하루종일 음악을 즐기거나 화학공부를 하면서 보낼 수도 있고, 삽입형 기억소자로써 당신의 기억력을 업그레이드시키거나, 당신의 등에 아름다운 날개가 생기게 하거나, 다 자라면 저절로 집이 되는 나무를 디자인하고 그것이 자라는 것을 관찰하거나, 당신이 가보고 싶은 곳에 잠자리를 날려보내 그 잠자리의 눈을 통해 사물을 볼 수도 있다.

지성을 가진 생명물질과 인간 뇌와의 상호작용을 통해 우리 앞에 펼쳐질 가능성은 무궁무진하다. 지금처럼 생산성 때문에 아름다움이 무시되는 일이 없이, 모든 것은 인간의 자기실현을 위하여 아름답게 설계된다. 컴퓨터가 기본적으로 필요한 모든 것을 대신해주기 때문에 다른 어떤 것으로도 대치될 수 없는 것, 즉 사랑하는 일, 상상하는 일, 의식하는 일과 같은 인간의 특성이 가장 귀중한 상품이 되고 또 최대의 관심사가 될 것이다.

그러나 우리의 환경에서 일어나는 구조상의 변화 외에 당신의 내면에서 일어나는 변화는 어떤 것일까? 상사로부터 아무 것도 명령받지 않게 된다면 당신은 어떻게 하겠는가? 자신의 시간을 어떻게 계획하고, 한 인간으로서의 가치를 어떻게 충족시키며, 당신의 삶에 있어서 어떻게 만족감을 얻을 것인가? 지금은 아직도 직업과 돈이 우리 생활의 기본이 되어 있지만 이 사회에서 직업이라는 것이 없어진다면 자신의 중요성을 어떻게 알 수 있을 것인가? 최근 직업을 상실한 사람들의 대부분이 낙담에 빠져버리는 것은 실로 이 때문이다. 하지만 우리는 정녕 그럴 수 밖에 없는 것인가?

여기서 당신의 내면에 있는 어린아이가 매우 중요하게 된다. 우리들 모두가 오락의 시대에 적응하고 그것을 즐길 수 있기 위해서는 직업으로써 자신의 중요성을 가늠했던 낡은 방법을 모두 잊어버리지 않으면 안된다. 돈으로는 더 이상 존경을 살 수 없게 되고, 금목걸이는 이제 아무도 감동시킬 수 없게 되며, 지위로써 사람들을 지배할 수도 없게 되고, 나이조차도 중요하지 않게 된다. 중요한 것은 사람의 내면이 된다. 어린아이들은 당신이 입고 있는 옷이 얼마나 비싼 것인지, 회사에서의 지위가 얼마나 높은지, 또는 당신의 피부 색깔이 어떤지에는 전혀 관심없다. 단지 당신이 '친절한가, 재미있는가, 같이 놀 수 있는 상대인가' 만을 본다.

이런 것들이 미래의 세계에서 우리에게 필요한 특성이다.

따라서 돈이 필요없게 된다면, 우리는 연극을 창작하거나 음악을 작곡하거나 하면서 다른 사람들에게 기쁨을 주는 일에서 자신의 가치를 찾는 방법을 배우게 될 것이다. 그리하여 인간사회는 이익의 추구와 노동의 착취 대신, 사랑과 배려에 기초한 사회가 될 것이다. 기쁨, 성장, 놀이 등의 단어가 가장 중요하게 될 것이다. 우리는 어린 시절로 되돌아가 어린아이처럼 놀고, 배우고, 발견하며 시간을 즐겁게 보내는 방법을 다시 배우지 않으면 안될 것이다. 그러므로 무엇보다도 '남에게 잘 보이기 위해' 행동하거나 또는 '그럴듯한 척'하는 대신, 다만 '있는 그대로의 자신으로서' 자기시간을 즐기는 방법을 배우지 않으면 안된다.

이것이 쉽다고 느껴질지도 모르겠지만, 진정한 자기 자신보다는 타인에게 어떻게 보일 것인가 하는 외적인 모습에 삶의 기본을 두고 있는 사람들에게는 매우 두려운 일일지도 모르겠다. 그들에게 이것은 생각하는 방법을 완전히 바꿔야 한다는 것을 의미하며, 억압적인 교육에 의해 오랫동안 사용하지 않아 이미 위축되어 버린 뇌의 특정 부분을 다시 일깨우고 가동시켜야 한다는 것을 의미하는 것이다.

뇌의 기능에는 우선순위가 있다. 매우 섬세한 꽃인 에델바이스는 최적의 환경에 있을 때에만 꽃을 피운다. 뇌도 무서운 위협에 직면하게 되면 자동적으로 생존을 위한 모드로 들어가며, 위험이 사라지고 선택을 제한당하는 조건이 소멸된 뒤 풍부한 음식, 안전, 사랑 및 자유가 확보되었다고 인지했을 때 비로소 뇌는 사랑과 조화와 창조의 모드로 되돌아간다.

이 책에 쓰여 있는 것처럼 기술의 진보가 우리 사회에 큰 충격을 주게 되면 신인류가 탄생하기에 적합한 환경이 조성될 것이다.

역사상 처음으로 이러한 일이 지구상의 모든 곳에서 작은 행복의 꽃다발처럼 피어나고 있다. 수많은 세대가 지나간 후에 비로소 그 보답을 받게 된 것이다. 이 새로운 환경에서 태어나 자란 아이들이 신인류로 성장하고 있다. 오늘날의 세계를 이루기 위해 애쓴 그들의 조상들을 지난 세계의 고통에 의해 모습이 뒤틀린 나무의 뿌리와 줄기에 비교한다면, 이 새로운 세대는 열매를 맺게 될 꽃이다. 무화과나무의 열매가 익으면 열매를 거둘 때를 알게 된다. 나무를 흔들기만 하면 열매가 무릎 위로 떨어진다. 그때가 바로 지금이다. 우리는 지금 낙원의 입구에 와 있다. 눈을 뜨기만 하면 된다.

그러나 신 네안데르탈인(neo-neanderthals)들의 가치관이 아직도 우리를 붙들고 있다. 그것은 우리가 보물섬에 도착하기 위해 해야 할 최후의 도약을 방해하고 있다.

이 책은 우리가 끌고 있는 쇠사슬과 쇠공을 벗어 던지고 황금시대로 들어가는 것을 도와줄 열쇠이다.

이 책 속에서 라엘은 최근 커다란 논란이 되고 있는 주제를 거론하고 그것에 대해 설명한 뒤, 마치 외과수술용 레이저를 쓰는 것처럼 그 특유의 단순명쾌한 논리를 구사하며, 우리의 진보를 방해하고 있는 모순과 두려움을 깨뜨리고 우리 발목에 매달려 있는 쇠사슬을 산산조각으로 만든다.

　물론 자유를 되찾는 대신 우리가 차고 있던 족쇄의 안정감을 상실하는 것이 때로는 두려울 수도 있을 것이다. 왜냐하면 우리는 더 이상 스스로 날 수 없다고 뒷걸음질칠 이유를 잃어버리게 되기 때문이다.

　그러나 지금이 바로 그 때이다. 이 책은 우리가 내일을 향해 커다란 도약을 할 수 있도록 우리의 등줄기를 펴주는 책이다. 이 책은 인류가 미래를 향한 항해에 성공하여 다 함께 보물섬에 다다를 수 있도록 새로운 지도를 보여준다. 그리하여 마침내 먼 옛날부터 수많은 사람들이 품고 있던, 낙원을 되찾겠다는 오래된 희망과 염원이 실현되는 것이다.

2000 년 12 월, 도꾜(Tokyo)

다니엘 샤보 교수의 서문

심리학 교수

과학시대의 예언자

1969 년 7 월의 일이 생각난다. 나는 좋아하는 TV 프로그램을 보려고 시간에 맞춰 집에 돌아온 참이었다. 그러나 공교롭게도 그날부터 수 일간의 TV 프로그램이 전부 변경되어 있었다. 지구상의 모든 눈은 우주를 향해져 있었다. 아직 어린아이였던 나는 달 위를 걷는다는 오래된 인류의 꿈이 실현되는 장면이 생중계 되고 있는 TV 화면을 넋을 잃고 지켜보았다. 당시 열두 살이었던 나는 그날 밤 달을 올려다보며, 이 행성에 살고 있는 우리 인류는 이 순간에도 이 작고 밝은 공 위를 걷고 있다는 상념에 젖어들었다. 그날 전까지만 해도 나는 과학기술이 우리 생활 전반에 혁명을 일으키는 시대로 서서히 들어서고 있다는 사실을 별로 의식하지 못하고 있었다. 그러나 그것은 시작에 지나지 않는 것이었다.

우리는 오늘날 정말로 멋진 시대에 살고 있다. 이렇게 짧은 기간에 이만큼의 변화를 지켜보았던 세대는 이전에는 결코 없었다. 오랜 세월동안 우리 조상들은 세대가 바뀌어도 언제나 같은 현실 속에서 생활해왔다. 아기가 태어나면 부모는 그 아기의 삶도 틀림없이 자신의 삶과 동일할 것이라고 믿었다. 그러나 오늘날에는 그런 말이 전혀 통하지 않는다. 오늘날의 부모들은 자신의 아이들이 어떤 시대에 살게 될 것인지 전혀 알 수가 없다. 발전속도는 멈출 줄 모르고 더욱 빨라져 모든 것들이 순식간에 변화해 버리기 때문에 아이들이 장차 어떤 시대에 살게 될지 예측하는 것은 정말로 어려운 일이다. 오늘날의 아이들은 인터넷, 비디오게임, 디지털 TV 등에 일상적으로 접하고 있다. 할아버지 시대에는 말을 타고 산보했고, 전기도 없었으며, 매년 1 월이면 유행성 독감이 맹위를 떨쳐 죽음의 공포에 떨었다는 이야기들은 우리 아이들에게는 상상조차 가지 않는다.

그러나 그런 할아버지들과 마찬가지로 오늘날의 아이들도 아직 모든 것을 다 볼 수 있는 것은 아니다. 더욱 놀라운 과학적 사건들이 일어나 그들도 1969 년 7 월의 나처럼 "아, 나는 멈출 줄 모르게 진보하고 있는 과학기술의 세계에 살고 있구나"라고 하는 실감을 느끼게 될 것이다.

디지털 TV, 인터넷, 비디오게임 등은 우리의 생활방식이나 사고방식이 바뀔 수 있도록 이끄는 기술적 환경을 만들어내고 있다. 그러나 이런 것들은 현재 대단한 물의를 불러 일으키며 막 시작되고 있는 생물학적 혁명에 비교하면 아무 것도 아니다. 지난 1997 년 스코틀랜드의 발생학자 이언 윌무트 박사의 주도로 성공한 복제양 돌리의 탄생은 커다란 파문을 불러일으켰다. 그리고 현재 인간복제를 둘러싼 논란에 대해서는 말할 나위도 없다.

최근 나는 자연약품을 이용한 대체의료요법에 전념하기 위해 간호사 직업을 그만둔 한 아름다운 여성과 대화를 나눈 적이 있다. 그녀가 직업을 바꾼 이유는 다른 많은 사람들의 경우처럼 과학 전반 특히 의학에 대한 비판적 시각 때문이었다. 대화 중 나는 장차 인간복제가 가져올 수 있는 좋은 점에 관해 잠시 언급했다. 그러자 그녀는 "나는 그것에 반대합니다. 그런 일이 절대로 실현되지 않았으면 좋겠어요"라고 말했다.

이 여성의 반응도 무리는 아니다. 그녀의 태도는 일반대중이 새로운 과학기술을 접했을 때 '찬성이냐 반대냐'라는 각도에서 생각하는 자세를 그대로 반영하고 있다. 마치 과학이 하나의 의견이기라도 한 것처럼...

이야기를 더 진행하기 전에 우리는 과학뉴스를 다루는 미디어의 태도를 인식할 필요가 있다. 즉 그들은 다른 뉴스를 다룰 때처럼, 말하자면 하나의 의견에 대해 토론하는 것처럼 과학뉴스를 다루고 있는 것이다. 불행하게도 그들은 과학기술이 찬반을 묻는 토론과는 전혀 무관하다는 점을 이해하지 못한다. 아직 그 연륜은 얕지만, 많은 열매가 달려 있는 인류의 과학역사는 찬반토론이 과학기술의 발전을 위해 옳았던 적이 한번도 없었다는 것을 우리에게 증명해 주고 있다. 전기, 자동차, 인터넷, 시험관 인공수정 등등에 대해 그것을 이용할 것인가 말 것인가 찬반토론을 거듭하고 있는 와중에서도 과학은 발전되고, 응용되고, 세련되어 갔으며 기술은 더욱 개량되어

갔다. 그리하여 마침내 우리는 그런 기술의 발전이 우리 생활에 있어서 없어서는 안될 중요한 부분이 되었다는 것과 그런 기술 덕분에 우리 생활이 더욱 풍요로워졌다는 사실을 깨닫게 되었다. 어디 그뿐이랴, "이런 기술없이 과거에는 어떻게 살 수 있었던가"라는 의문을 느낄 정도이다.

그래서 나는 그 아름다운 여성에게 사물을 다른 각도에서 볼 것을 제안했다. 우선 나는 그녀에게 "찬성하든 반대하든 그것은 논외로 두고, 당신은 인간복제가 실현될 것이라고 생각하는가"라고 질문했다. 그녀는 그럴 것이라고 대답했다. 여기서 나는 그녀에게 "당신이 찬성하든 반대하든 그것이 상황을 바꿀 수가 없고, 인간복제는 곧 일상적인 당연한 일이 될 것이므로 당신의 자세를 바꾸는 편이 더 좋을 것이다"라고 제안했다.

그러나 오늘날 일어나고 있는 과학기술혁명에 대해 우리의 인식과 태도를 바꾸기 위해서는 생명에 대한 새로운 시각, 세계와 우리 자신의 존재에 대한 새로운 시각이 요구된다. 우리가 분명히 이해하지 않으면 안되는 점은 '과학이란 인간의 행위가 아니라, 인간 존재 그 자체'라는 것이다. 과학발전에 찬성인가 반대인가를 논하는 것은 어떤 경우에서든 마치 아기가 자라는 것에 찬성하는가 반대하는가에 대해 묻는 것처럼 부질없다. 이것은 부정할 수 없는 일이다. 아이들은 성장하고 과학은 발전한다. 이것이야말로 인간의 진실이다. 아이들이 스스로 배우는 것과 마찬가지로 과학도 그렇다. 그러므로 새로운 과학기술에 찬성할 것인가 반대할 것인가를 결정하기 위해 쓸모없이 논쟁하는 대신, 그것으로 우리가 할 수 있는 일이 무엇인가, 그것을 어떻게 우리 생활에 적용할 수 있을 것인가, 우리 자신과 미래의 세대를 위해 그것을 어떻게 잘 활용할 수 있을 것인가 등등에 관심을 돌려야 한다.

그러나 우리가 그렇게 하기 위해서는 과거가 아니라 미래의 지표가 필요하다. 인류의 과거를 돌이켜보면 현재와 미래 사이에는 아무런 공통점이 없을 것이라고 판단할 수가 있다. 따라서 과거를 통해 미래를 본다는 것은 불가능한 일이다. 그것은 마치 뒤를 보면서 앞으로 걸어가는 것과 마찬가지로서 그런 행동이 우리가 가야 할 길의 방향을 잡아주기란 전혀 불가능하다. 그렇다면 미래의 지표는 어디에 있는가? 그것은 바로 라엘의 가르침, 라엘이 제시한 철학 속에 있다.

1973년에 출판된 「우주인이 나에게 준 메시지」에서 라엘은 우리 인류의 과학적 기원에 관해 설명하고 있다. 그는 신비주의 대신 "신은 존재하지 않으며, 우주로부터 온 과학적으로 진보한 존재들이 지구상의 생명을 창조했다" 라는 과학적 창조의 역사를 말한다. 그는 또 "우리 인간은 그들의 모습을 본떠 만들어졌으며, 언젠가 우리도 그들과 같은 일을 하게 될 것이다" 라고 설명한다. 특히 그는 영원한 생명의 비밀을 밝히고, 그것은 복제를 통해 도달할 수 있다고 설명한다. 그리고 인간의 수명이 열 배로 늘어날 수 있다는 것, 화학적 교육이 가능하다는 것 등을 예언했다. 이러한 예언들은 모두 최근에 이루어지기 시작했으며, 이에 관한 연구들은 현기증날

만큼의 속도로 진척되고 있다.

1975년 라엘은 우리 인류를 창조한 엘로힘의 행성을 방문했으며, 그 곳에서 그는 놀라운 문명을 체험했다. 그는 또한 우리 인류가 기쁨 속에서 개화하도록 이끌 수 있는 가르침을 전수받았다. 또 그의 책 속에는 과학이 그의 주장을 증명해줄 것이라는 말이 몇 번이나 거듭 써 있는데, 해가 지남에 따라 그가 각각 27년 전, 25년 전, 21년 전에 쓴 책의 내용들이 최신 과학적 발견들에 의해 속속 증명되고 있다.

그러나 그의 역할 중 가장 중요한 것은 과학과 종교를 통합시키는 일이다. 로마교황과 같은 종교지도자들이 낙태, 피임, 동성애, 유전자 조작, 복제, 생명의 과학적 창조에 대해 비난할 때마다 라엘은 "이것은 시작에 불과하며, 지금은 극소수의 사람들이 상상만 할 수 있는 일들을 머지않아 과학 덕분에 우리 모두가 누릴 수 있게 될 것이다"라고 거듭 언급하고 있다. 라엘은 우리 인류를 위해 전위적인 철학과 정신으로써 과학에 낙관적인 빛을 뿌려주고 있으며, 우리가 매혹적인 미래를 엿볼 수 있도록 이끌어주고 있다.

1969년 닐 암스트롱(Neil Armstrong)이 달 표면에 첫 발을 내디딘 사건에 대해 그는 "인간으로서는 작은 한 걸음이지만, 인류로서는 위대한 도약이다"라고 말했다. 이 책에서 라엘이 선언하고 있는 모든 과학적 예언들은 인류가 곧 달성하게 될 위대한 도약에 관한 것들이며, 그로 인해 우리 인류의 삶의 질은 크게 향상될 것이다. 그러므로 여러분은 이제 읽으려고 하는 이 책의 내용에 대해 찬성할

지 아니면 반대할지 자문하는 대신, 개인의 의견이야 어떻든 이것은
어차피 일어날 일이므로 왜 이 모든 일들이 일어나고 있는지 자문해
보기 바란다. 그리고 종교지도자들 중 과학에 관해 라엘처럼 말하
고 있는 사람이 왜 라엘 한 사람뿐인지에 대해서도 의문을 품어보기
바란다.

2000 년 12 월 3 일, 몬트리올

라 엘

인간복제 :
영원한 생명을 향한 문

인간복제는 아직 초보적인 단계에 있다. 현재로서는 복제된 세포는 통상적인 임신에서와 같이 엄마의 자궁 속에서 만 9개월 동안 자란 뒤 아기로 태어나, 다른 사람들과 마찬가지로 성장해야만 한다.

이 과정에는 별로 특별한 것이 없다. 사실 이것은 당신보다 몇 년 늦게 태어난 쌍둥이 형제를 갖는 것과 다른 점이 없다. 당신의 유전자코드 샘플을 채취하여 난자에 주입하면 당신의 쌍둥이가 태어나는 것 뿐이다.

물론 이 쌍둥이는 당신과는 완전히 다른 교육을 받고 완전히 다른 삶을 경험하기 때문에 나른 사람으로 될 것이다. 만약 당신의 쌍둥이가 복제되어 중국가정에 태어난다면, 그는 자라서 틀림없이 영어가 아니라 중국어로 말하고, 또 식사할 때는 당신보다 젓가락을 훨씬 잘 다룰 수 있게 될 것이다.

그러나 태어나자마자 격리된 쌍둥이들을 대상으로 행한 연구에서, 쌍둥이들은 세세한 점에서는 서로 다를지라도 기본적으로 동일한 성격을 갖게 된다는 사실이 밝혀졌다. 그들은 음식, 책, 색상, 심지어는 배우자에 대해서까지 동일한 취향을 갖고 있었다! 뒤에 언급하겠지만, 이 연구결과는 사람의 개성과 지성이 유전적으로 규정된다는 사실을 밝혀 주는 과학적 발견들을 뒷받침하는 것이다.

인간복제의 다음 단계, 즉 제 2단계는 성장촉진술(AGP)이라는 기술을 이용하여 인간의 육체적 능력이 절정기에 달해 있는 15세 내지 17세 정도의 성인으로 바로 복제해내는 것이다.

이러한 복제는 단지 육체의 복사에 지나지 않는다. 컴퓨터의 하드웨어나 공테이프처럼 아무런 기억이나 인격이 없다.

나는 엘로힘이 나의 이마에서 채취한 세포 하나를 거대한 수족관처럼 생긴 기계 속에 넣는 것을 보았으며 (우주인의 메시지 참조), 나 자신의 완전한 복사판이 그 기계 내부에서 단 몇 초만에 성장하는 것을 지켜보았다.

제 3단계를 위해서는 이미 일본에서 진행되고 있는 연구처럼 인간의 기억과 개성을 컴퓨터에 다운로드하는 기술이 필요하다.

이렇게 하면 육체가 사망한 후에도 컴퓨터 속에서 언제까지나 존재할 수 있고, 또 주위환경과 교류할 수도 있게 된다. 이 컴퓨터에 카메라와 마이크가 장착되어 있으면 스피커를 통해 친구들과 대화도 할 수 있고, 옛날 어린 시절의 급우들을 알아보고 서로 추억을 나눌 수도 있다. 또한 가상세계에서 그들과 함께 노는 것도 가능하다.

그리고 생전에라도 일시적으로 컴퓨터에 다운로드, 아니 업로드 하여 지식을 얻거나 가상학교에서 무언가를 배울 수도 있을 것이다. 그런 뒤 원래의 몸에 다시 다운로드하게 되면 새로운 기술이나 정보를 지닐 수가 있게 된다.

그러나 인간복제 제3단계의 경우, 개성이나 기억을 컴퓨터에 다운로드하는 대신 막 복제한 자신의 젊은 몸 속에 그것을 직접 입력해 넣게 된다. 이것은 단순히 소프트웨어를 하드웨어에 삽입하는 것으로서, 우리는 모든 기억과 개성을 유지한 채 젊은 몸으로 눈을 뜬 뒤 또 한번의 인생을 살게 되는 것이다. 새로 복제된 몸으로부터 다시 새로운 몸을 복제하는 식으로, 우리는 이것을 영원히 되풀이 할 수가 있다.

엘로힘은 이런 방식으로 영원한 삶을 누리고 있다.

그렇기 때문에 복제란 영원한 생명에의 열쇠가 되는 것이다.

인간복제에 반대하는 사람들은 참으로 바보같은 주장을 하고 있다. 그들의 주장을 하나하나 검토해보자 :

「인간복제에 의해 인구과잉 문제가 더욱 악화될 것이다」

실제로 클로나이드에 문의해온 사람들의 수를 보면, 고객이 될 수 있는 사람 수는 약 1만명 정도 밖에 안된다. 그리고 그들 대부분은 다른 치료방법으로는 해결할 수 없는 불임문제를 가진 가족들이다.

여기서 주목할 점은 전세계에서 자연적으로 태어나고 있는 아기들의 수는 1시간에 14,000명 이상이라는 사실이다. 결국 매년 1억 2천만 명의 인구가 늘어나고 있는 것이다! 복제에 의해 만 명의 아기들이 더 태어난다해도 그것은 연간출생수의 0.001%에도 미치지 않는 것으로서, 자연적인 출생이 전혀 억제되지 않고 있는 현상황에서 이것이 도대체 어떤 차이를 준다는 말인가?

인구과잉문제를 진정으로 해결하고 싶다면, 한 가족이 낳을 수 있는 아기의 수를 제한하는 것으로부터 시작해야만 한다. 이것은 대단히 현명하게도 중국이 실행해 왔던 방법이다. 한 사람이 한 명의 자녀를 갖게 된다면 인구는 안정을 유지하게 된다.

아이러니컬하게도 로마교황은 아직도 피임과 중절수술을 강력하게 비난하고 있다. 이런 교황이야말로 1만 명의 복제아기 탄생보다도 인구과잉에 훨씬 더 책임이 있는 것이다.

어떻게 우리는 불임의 고통을 겪고 있는 가족이 아기를 하나 가질 권리를 부정할 수 있겠는가? 카톨릭 가족에게는 10명 이상의 아기를 갖는 것도 허용하면서... 복제가 아니라 이들이야말로 인구과잉의 진정한 범인들이다!

「인간복제는 생물학적 다양성을 감소시킨다」

60억의 사람들이 자연적인 방법으로 출산하는 행위를 계속하는 한, 겨우 1만 명의 불임부부들이 아기를 한 명씩 갖는다고 해서 그

것이 인류의 생물학적 다양성을 감소시킬 우려는 없다. 전세계 인구의 대부분을 차지하고 있는 가임부부들은 계속 종래의 방법대로 서로 사랑을 나누며 아기를 낳는다.

만약 그들이 인류의 생물학적 다양성을 지켜야 한다는 이 왜곡된 논리를 계속 주장한다면, 우리는 쌍둥이 또는 세쌍둥이 등을 임신하고 있는 모든 어머니들에게 강제로 중절수술을 시행해야 될 것 아닌가? 최근 이탈리아의 어느 여성이 여덟 쌍둥이를 낳았다. 유전적으로 동일한 아기가 8 명인 것이다. 그리고 모든 사람들이 그것을 축복했다! 그러나 만약 이 여덟 쌍둥이가 복제에 의해 태어났다면 모든 사람들이 분노했을 것이다! 왜 이와 같이 불공평한 일이 있어야만 하는가? 왜 우연의 결과로 생겨난 아기들이 과학적인 계획으로 태어난 아기들보다 더 존중받아야만 하는가?

그렇다 하더라도 동일한 유전자코드를 가진 사람의 수를 제한하는 것은 바람직한 일이다. 생물학적 다양성을 지키기 위한 규칙으로서, 동일한 시간에 살 수 있는 동일한 「형(model)」의 사람 수를 한 명 또는 쌍둥이처럼 최고 두 명으로 제한할 수가 있을 것이다. 엘로힘은 그렇게 하고 있다.

그러나 이와 같은 규칙은 모든 종류의 출산에 동일하게 적용되어야만 한다!

동일한 유전자코드를 지닌 사람이 2 명 이상 존재하는 것이 불법이라고 한다면, 쌍둥이 또한 불법이라는 말이 된다. 그렇다면 우리는 쌍둥이를 임신한 어머니들에게 그 중 한 아이를 중절시키는 수술을 강제로 시행해야만 할 것이다! 우리가 자연적으로 태어나는 쌍둥이를 인정한다면, 복제에 의해 태어나는 쌍둥이도 인정하지 않으면 안된다. 이중(二重)잣대가 있어서는 안되는 것이다.

쌍둥이를 인정한다고 하더라도 그와 동일한 문제가 세쌍둥이, 네쌍둥이, 혹은 그 이상의 다산에 대해서도 제기된다. 이 경우 우리는 두 명 이상의 아기들은 모두 강제로 중절시키지 않으면 안된다!

이렇게 하는 대신, 우리는 복제로 태어날 수 있는 아기의 수를 「자연적」으로 태어나는 아기들에게 인정될 수 있는 수와 동일한 수로 제한할 수도 있을 것이다. 그 수를 8명으로 할 것인가? 좀 많은 것 같기는 하지만... 중요한 점은 복제로 태어나는 아기의 수를 제한하는 어떠한 규칙도 자연적으로 태어나는 아기들에게 마찬가지로 적용되어야만 한다는 것이다. 그렇지 않다면 그것은 차별이 된다.

「복제는 괴물을 만들어낸다」

수태의 순간부터 복제아기들은 역사상 그 어떤 아기들보다도 엄격하게 체크될 것이다. 우리는 현대의 유전자의학에 의해 태아가 어떤 이상을 갖고 있는지 없는지를 수태 후 최초의 수 주간 동안에 확인할 수가 있다.

자연적인 방법으로 임신된 괴물들이 매일 태어나고 있지만, 아직

44

까지 아무도 이와 같은 기형아들의 출산에 반대하는 사람은 없다. 최근 서로 몸이 붙은 쌍둥이 중 한 명을 구하기 위해 다른 한 명을 희생시키지 않으면 안된다는 뉴스가 세상을 떠들썩하게 만든 적이 있었다. 그 쌍둥이의 부모는 "그냥 하느님에게 맡겨두자"라고 했지만, 결국 법원은 그 부모의 희망을 기각하고 한 명이 살아남기 위해서는 다른 한 명을 희생시킬 수 밖에 없다는 판결을 내렸다.

만약 몸이 붙은 이런 쌍둥이가 복제에 의해 태어났다면, 전 세계가 들고 일어나 "복제기술에 의해 태어난 이 괴물을 보라!"라고 떠들었을 것이다. 특히 한 명을 살리기 위해 다른 한 명을 죽이지 않으면 안될 때는 더욱 시끄러워질 것이다. 그러나 최근의 그 쌍둥이 자매는 자연적으로 태어났기 때문에 아무도 그다지 안색을 붉히지 않았다.

괴물에 관해 몇 사람의 예를 더 들어보자면, 아돌프 히틀러도 죠지프 스탈린도 복제에 의해 태어난 사람들이 아니었다.

「사고로 죽은 아이를 복제히여 태어난 아이가 성장한 뒤, 자신이 누군가의 대신으로 태어났다는 사실을 알게 되면 행복하지 않게 될 것이다」

아이를 잘 키우면, 그는 자기의 행복이 다른 사람의 사랑으로부터 오는 것이 아니라 자신을 사랑하는데 있다는 것을 배우게 될 것이다. 아기를 잃고 난 뒤 곧 자연적인 방법으로 새 아기를 임신한 부모들이 얼마나 많은가? 이전의 아기가 죽은 다음에 임신하여 태어났다고 해서 새 아기가 행복해질 가능성에 대해 의심하는 부모는 그들 중 아무도 없다.

부모로부터 학대받거나 아무런 사랑을 받지 못하고 자란 아이들 중에도 나중에 균형잡히고 조화로운 삶을 사는 훌륭한 사람들이 많이 있다. 이와는 반대로 온갖 사랑에 둘러싸여 자란 아이들 중에도 나중에는 마약에 빠지거나 범죄자가 되거나 심지어는 자살까지 해버리는 사람들이 얼마든지 있다. 이것은 임신하는 방법과는 아무런 상관이 없다. 히틀러, 스탈린, 나폴레옹은 부모로부터 많은 사랑을 받으며 매우 행복한 어린 시절을 보냈다고 알려져 있다.

복제아기가 성장하면 부모는 그에게 진실을 말해줄 것인지 아니면 말해주지 않을 것인지 선택할 수 있을 것이다. 정상적으로 태어난 수많은 아이들이 부모 중 한 쪽이 그들의 유전적 부모가 아닌 가정에서 자라고 있다. 입양아의 경우에는 부모 중 어느 쪽도 그의 생물학적 부모가 아니다. 어떤 부모들은 아이들이 자란 뒤 진실을 말해주기도 하지만, 특히 아주 어릴 때 입양한 아이들의 경우에는 진실을 말해주지 않는 경우도 있다.

그러나 입양아들의 느낌은 한결같다. 그들에게 가장 중요한 사실은 그들의 생물학적 부모가 누구인지가 아니라 "그들에게 사랑을 준 사람이 누구인가"라는 것이다. 유전적 부모를 다시 만나 기뻐하는 사람들도 있겠지만, 그들은 자신을 진정한 가족으로서 입양해준 사람들을 결코 잊지 않는다. 이것이 바로 진실한 사랑이다.

「인간복제가 합법화된다면 정부는
복제된 병사들로써 강력한 군대를 만들 것이다」

아직도 이런 바보같은 말을 믿는 사람은 20세기적 뇌, 아니 선사시대적 뇌를 갖고 있다고 말할 수 있다. 이라크나 코소보에서의 전쟁 등 현대전을 살펴보면, 잘 훈련된 병사가 수천 수만 명 있더라도 현대의 첨단기술 앞에서는 전혀 무력하다는 사실을 알 수 있다. UN군을 이끌었던 미국은 첨단기술을 사용하여, 그들의 병사를 지상전에 한 사람도 투입할 필요가 없었을 정도로 간단히 적들을 분쇄했다. 이 전투들에서 희생된 수천 명의 적들에 비교하면 사실상 미국 병사는 한 명도 죽지 않은 것이나 다름없다. 그리고 또 이라크와 세르비아에는 복무기간이 아주 긴 강제징병제도가 있는 반면 미국에는 그런 제도가 없다는 사실에 주목해야만 한다. 그런 병사들이 아무리 많으면 무엇하는가! 그들은 추적장치들을 피할 수 있는 미국의 스텔스기에 손끝 하나 댈 수 없었으며, 바늘로 찌르듯이 정확하게 목표를 향해 날아오는 미사일들에 속수무책이었다.

이러한 기술을 이용하면 수백만 명의 재래식 지상군을 쓸어버리는데 천 명 미만의 조종사가 필요할 뿐인 판국에, 강력한 군대를 만들기 위해 복제병사들을 이용한다는 발상은 완전히 시간낭비일 따름이다.

「복제된 아이들은 수명이 짧을 것이다」

아직도 어떤 사람들은 70세 된 노인의 세포를 복제에 이용할 경우 태어나는 아기는 이미 70 세가 되어버린 세포를 갖게 될 것이라고 오해하고 있다. 이것은 틀린 이론이다. 그러나 설사 그 이론이 옳다고 하더라도 10 개월 된 아기를 복제하는 데는 아무런 문제가 없다. 왜냐하면 평균수명 80 세에서 10 개월쯤 모자라는 정도는 무시할 수 있기 때문이다.

복제양 돌리가 태어나자 세상사람들은 짧아진 텔로미어 때문에 돌리는 빨리 노화하게 될 것이라고 떠들어댔다. 그러나 얼마 후 사람들은 돌리가 여전히 살아 있으며, 정상적으로 생식할 수도 있고, 또한 또래의 다른 양들과 동일한 기대수명을 갖고 있음을 알게 되었다. 그리고 뒤이은 실험들을 통해, 복제된 생명체들의 텔로미어 길이는 일반적인 생명체들의 그것과 차이가 없다는 사실이 입증되었다.

어디 그뿐인가! 최근 하와이대학교의 연구에 따르면 일곱 세대가 지나서도 복제된 생명체의 텔로미어가 짧아지기는 커녕 어떤 경우 몇몇 세포들은 원래보다 더 젊은 것으로 판명되었는데, 과학자들은 그 이유를 설명할 수가 없어 곤경에 빠져 있다! 우리는 실로 영원한 삶의 비밀에 바짝 다가서 있는 것이다!

「복제는 자연스럽지 않다」

만약 복제가 자연스러운 것이 아니라고 한다면 항생제, 심장이식, 수혈, 틀니, 나아가 매일 수많은 사람들에게 시술되고 있는 헤아릴 수 없이 많은 의료기술과 치료들도 모두 자연스러운 것이 아니다.

이 경우 진실로 자연스러운 것이라면 평균수명이 35세에도 미치지 못하고, 병원도 없으며, 위생시설도 없는 나라에서 90%의 어린 이들이 매일 죽어나가는 것을 의미하게 된다.

당신이 진정으로 바라는 바가 바로 이것인가? 자연옹호자들 중 어느 누가, 죽어가는 자기 아이나 어머니가 최신 의료기술로 치료받는 것을 거부하겠는가?

자연스럽지 않다는 이유 때문에 복제를 반대하며 우리를 '아기를 복제하려는 사교집단'이라고 부르는 사람들은 여호와의 증인 신자들이 수혈을 거부하는 것도 비난하고 있다. 그러나 복제에 반대하는 그들의 자세는 여호와의 증인 신자들이 과학을 거부하는 것과 조금도 다를 바 없는 것이다.

「미래의 세대에 자리를 물려주기 위해서는 당연히 죽어야만 한다」

무슨 권리로 당신은 미래세대의 사람들이 현세대의 사람들보다 더 중요하다고 밀할 수 있는가?

생명의 권리는 어떠한 문화에서도 신성한 것으로 간주된다.

수명이 연장될 수 있고 또한 영원한 삶에 도달할 수 있다면 어떤 근거로 몇 살의 나이에 이 신성한 생명의 권리가 포기되어야 한단 말인가? 당신은 삶을 종식시켜야 하는 나이를 몇 살로 책정하기를 원하는가?

물론 너무 불행하거나 괴롭거나 아프기 때문에 영원한 생명을 원하지 않는다고 한다면 그런 사람들에게까지 영원한 생명을 강요해서는 절대로 안된다.

내가 강연회에서 종종 언급하고 있는 말이지만 "죽고 싶으면 죽으면 된다!" 그러면 계속 살기를 원하는 사람들에게 더 많은 여유 공간이 생기게 될 것이다.

영원한 생명이란 그것을 바라지 않는 사람들에게 결코 강요해서는 안되는 것이다.

우울증에 시달리고 있는 사람에게 영원한 삶을 준다면 그것은 새 디즘이나 마찬가지이다. 그런 사람들의 대부분에게는 새로 맞이하는 하루하루가 골고다의 언덕처럼 고통스럽다. 그래서 수많은 사람들이 자살하는 것이다.

영원한 생명은 각자가 선택할 문제로서 결코 강요되어서는 안된다.

만약 이 문제에 관해 일반 사람들 사이에 설문조사를 한다면, 거의 틀림없이 대부분의 건강한 사람들은 영원히 살기를 택할 것이다.

물론 나이가 들어 노쇠해진 노인이나 병약한 사람들이 죽기를 바라는 것은 너무나 당연한 일이다. 병이 들어 온갖 고통에 시달리고 있는 사람들이 어떻게 영원한 생명을 즐길 수 있겠는가?

그러나 만약 병이 나을 수 있다면, 옛날과 같은 젊음을 되찾을 수 있다면, 그들도 더 이상 죽고 싶어하지 않으리라는 것은 너무나 자명한 일이다!

실제로 대부분의 노인들은 운동을 하거나 약을 먹거나 함으로써 가능한 한 오래 살려고 노력한다.

극단적인 침체상태에 빠지지 않는 한 죽고 싶다는 생각까지는 가지 않는다.

그러므로 육체적으로 좋은 건강상태에 있는 사람들로서 죽기를 바라는 사람들은 (그런 사람이 별로 많지는 않겠지만) 우선 우울증의 치료를 받아야 한다. 그렇게 한다면 그들 중 아무도 더 이상 죽기를 바라지 않을 것이라고 장담할 수 있다!

그러나 나이가 많든 젊든 간에, 육체적 또는 정신적인 고통이 너무나 커서 견딜 수 없는 경우에는 죽음을 선택할 수 있는 권리를 존중해 주어야만 한다. 이것은 안락사의 문제로 연결된다. 즉 그들의 고통을 치료할 수 없게 되었을 때 우리는 자신의 존엄성을 지키며 죽기를 선택한 사람들을 도와주어야만 하는 것이다. 나는 이 문제에는 육체적 고통 및 정신적 고통, 이 두 가지 고통이 모두 해당된다고 강조하고 싶다. 바스크 지방에서는 최근 안락사가 합법화되었는데 이것은 경탄할 만한 일이다. 그러나 불행히게도 이 권리는 치료할 수 없는 육체적 고통에 시달리고 있는 사람에게만 제한되어 있다. 마치 정신적 고통은 그다지 중요하지 않다는 듯이...

심각한 우울증을 앓고 있는 사람들은 골수암을 앓고 있는 사람들과 똑같이 큰 고통에 시달리고 있다. 다만 그 고통의 부위를 확인할 수 없을 뿐인 것이다.

치료 불가능한 정신적 고통을 육체적 고통과 비교하여 대수롭지 않게 여기는 행위는 정신적 고통보다 육체적 고통을 우선시하는 낡은 의료체계에 그 책임이 있으며, 이것은 명백히 부당한 차별이다.

안락사는 육체적인 것이든 정신적인 것이든 치료할 수 없는 고통을 앓고 있는 모든 사람들에게 허용되어야만 한다.

영원히 살 권리와 죽을 권리는 개인의 선택의 자유를 존중해주는 현대사회에서는 동일한 가치를 지녀야만 하는 것이다.

「영원히 산다면 상상할 수 없을 정도로 지루할 것이다」

그런 말은 이미 지루해진 사람들만이 할 수 있는 대사이다! 언제나 온갖 새로운 즐거움으로 가득찬 열정을 지니고 삶을 사랑한다면 우리는 결코 지루해질 수가 없다.

어느 날 한 기자가 나에게 이렇게 말했다. "언제나 같은 사람들과 만난다면 참으로 지루할 겁니다." 그러나 현재 우리는 60 억의 사람들과 함께 살고 있다. 어떤 사람과 알고 지내기 위해서는 적어도 한 시간 동안 대화를 나누어야 된다고 치자. (실제로 우리가 흥미를 느끼는 사람들과는 더 많은 시간이 소요되겠지만) 우리에게는 다른 할 일도 많기 때문에 운이 좋다면 하루에 세 명 정도 새로 만날 시간이 있을 것이다. 그러면 일 년에 새로운 사람을 천 명 정도 만날 수 있는 셈이 된다.

현재의 평균수명 80 년에서 가족과 함께 지내는 어린 시절의 10 년을 빼고 나면, 우리는 약 7만 명과 만날 수 있다. 즉 정상적인 수명 동안에 우리가 만날 수 있는 사람은 겨우 7만 명 밖에 되지 않는다. 이 숫자는 현재 지구상에 살고 있는 인구 중에서 100만 명 당 한 명 꼴도 채 되지 않는 것이다.

만약 우리가 현재와 같은 수의 인구와 함께 영원히 살 수 있게 된다면, 그 절반의 사람들과 만나는 데에도 약 300만년이 걸리게 된다.

게다가 우리가 모든 사람들을 다 만났을 시점에는 처음 만났던 사람들을 모두 잊어버리게 될 것이 틀림없기 때문에, 이 모든 과정을 다시 시작해야만 할 것이다! 비록 우리가 그들을 잊어버리지 않는다 하더라도, 엄청나게 긴 세월의 흐름 속에서 그들은 너무나 변해버려 완전히 다른 사람이 되어 있을 것이다.

사실 이것은 엘로힘의 가르침 중에서도 매우 흥미로운 부분인데, 불교에도 이 가르침이 반영되어 있다. 즉 우리는 결코 같은 강에서 두 번 목욕할 수가 없다는 것이다. 왜냐하면 우리가 다시 강에 돌아올 때는 강물이 이미 바뀌어버렸기 때문이다... 우리도 마찬가지이다.

우리도 같은 사람을 두 번 다시 만나지 못한다. 왜냐하면 우리는 모두 끊임없이 변화하기 때문이다.

그렇기 때문에 우리가 만약 항상 새로운 눈으로 배우자를 보고 그가 계속 변화하며 발전해 나가는 모습에 경이감을 느낄 수 있는 의식을 갖고 있다면, 우리는 동일한 배우자와 아주 오랫동안 사랑을 유지하며 함께 살 수 있다.

언제나 같은 사람을 만나서 지루하다고? 말도 안된다!

이것은 사물에게도 똑같이 적용된다. 똑같은 일출은 두 번 다시 없다. 설사 일출이 항상 똑같다고 하더라도, 살아 있는 한 우리는 끊임없이 변화하기 때문에 일출을 볼 때마다 다른 느낌으로 보게 된다. 그렇기 때문에 영원히 산다고 해서 지루해지는 일은 결코 없는 것이다.

지루함이란 우리의 환경에서 오는 것도 아니고 수명이 길어지는 데서 오는 것도 아니다. 그것은 우리 내면으로부터 오는 것이다.

어떤 사람들은 20세가 되기도 전에 사는 것이 너무나 지루해져서 자살해버리기도 하지만, 또 어떤 사람들은 존재하는 기쁨을 항상 마음껏 즐기며 영원히 살아갈 수 있다.

그러나 존재하는 것을 즐길 수 있기 위해서는 우리는 「소유」와 「지식」의 문화를 「존재」의 문화로 바꿀 필요가 있다. 그리고 정신적 지도자들을 「위험한 구루(교조:역자주)」라거나 「사교집단의 리더」라고 부르며 모욕하는 대신, 그들의 가르침이 우리 사회에 전파될 수 있도록 장려해야만 한다. 「구루(guru)」라는 단어는 「각성시킨다, 살아 있는 매순간 경이를 느끼도록 가르친다」라는 의미의 산스크리트어이다. 존재하고 있는 모든 순간에 경이를 느낄 때 우리는 그것이 중단되기를 바라지 않게 되며 영원히 행복해질 준비가 갖추어진다.

두려움은 미디어가 의도적으로 꾸며낸 것이다!

사람들은 왜 인간복제에 관하여 이야기하는 것을 그렇게 두려워하는가?

우선 우리가 이해하지 않으면 안되는 것은 대중의 의견이 소수의 사람들에 의해 조작되고 있다는 점이다. 대부분의 대중은 그 소수의 관점에 더 이상 관심을 갖고 있지 않는데도 불구하고, 우리는 그들에게 어떤 종류의 윤리적 권위를 부여해왔다.

한편 미디어는 대중에게 겁을 주기 위해 권위있는 목소리로서 이런 소수의 사람들을 이용하고 있다. 그렇게 겁을 주면 더 높은 시청률과 더 많은 판매가 보장되기 때문이다.

범죄, 전쟁, 끔찍한 사건, 스캔들 등을 보도하면 단순히 좋은 뉴스보다 훨씬 잘 팔린다. 따라서 미디어의 관심은 광란을 불러일으키는 새빨간 거짓말이라도 마구 보도하는데 있다.

루마니아의 티미소아라 학살사건의 경우 그들은 희생자의 수를 부풀리기도 했다. 실제로는 수십 명이 희생되었을 뿐인데도 그 숫자는 기자들에 의해 수백 명, 나아가서는 수천 명으로 과장되었다! 정직한 기자가 진실한 숫자를 보도하면 엄중한 질책을 받았다. 수천 명의 희생자가 난 것이 진실이 아닌데도 다른 사람들과 똑같이 보도하지 않았다고 해서 그는 수정주의자로 불리게 된다.

최근 인터넷상의 공개토론, 예를 들면 BBC가 주최한 공개토론에 서는 절대다수의 사람들이 인간복제에 찬성하는 것으로 나타났다.

그렇지만 미디어는 이에 대해 보도하지 않는다.

미디어는 언제나 복제에 관해 조금이라도 이해할 능력조차 없는, 지나간 시대를 대변하는 소수 보수주의자들의 의견만을 보도한다.

예를 들어보자. 로마교황은 항상 모든 진보에 반대하는 카톨릭의 오랜 전통에 가장 충실하다!

우리는 바티칸이 모든 새로운 발견들을 비난해왔다는 사실을 잊 어서는 안된다. 바티칸은 지구가 우주의 중심이 아니라는 것을 증 명한 코페르니쿠스와 갈릴레오를 비난했을 뿐만 아니라, 다른 행성 들에도 생명이 존재한다고 말한 지오다노 브루노를 불태워 죽였다. 또한 최초로 포크를 사용하여 음식을 먹은 사람들을 파문에 처했다. 그 이유는 음식이란 신이 내린 선물이기 때문에 손으로만 만질 수 있 다는 것이었다. 증기기관, 전기 등등도 마찬가지였으며, 피임과 중 절수술에 관해서는 말할 필요조차 없다.

미디어는 이런 바티칸의 입장을 채택하고, 다른 종교들의 견해에 관해서는 언급하지 않는다. 실제로 인간복제를 지지하기로 결정한 유대교 랍비들 및 이슬람교와 불교의 지도자들이 있다. 그러나 미 디어는 그들에 관해 아무런 보도도 하지 않고 있다.

간단하게 말하면 이 이슬람교 및 유대교 지도자들은 "신이 인간 에게 이와 같은 기술을 발견하게 하고 또 사용하도록 허용했다면 그것은 신의 의지의 일부이다"라고 생각하고 있다. 한편 전능한 창조자인 신을 믿지 않는 불교지도자들은 '복제는 긍정적인 카르마(karma: 업, 인과응보)'라고 말한다. 즉 복제는 영혼이 윤회할 수 있는 또 한번의 기회를 준다는 것이다.

그러나 미디어는 로마교황의 성명서만을 보도하고 있다.

우리는 한 가지 방법만으로 사물을 보게 되는데, 이러한 제한은 우리 생활의 많은 분야에서 일어나고 있다.

사람들은 사회를 일반화시키려 하고, 차이를 호도(whitewash)하려 하고, 좁고 곧은 정격(正格)에서 벗어나는 모든 사람들에게 극악무도한 괴물이라는 딱지를 붙이려고 하는 경향이 있다.

그리고 그와 동일한 비난이 종교적 소수파들에게도 던져지고 있으며, 그들을 미신 또는 사교집단이라고 부르고 있다. 모든 사람들이 같은 것을 생각하고, 같은 것을 믿고, 같은 것을 사지 않으면 안 되는 것이다.

그러나 인터넷에 의해 세계적인 사상의 교류가 가능해진 덕분에, 다르게 생각할 수 있는 권리를 지키기 위해 싸우는 사람들이 이제 자기들이 혼자가 아니라는 사실을 알게 되었다는 것은 큰 행운이다.

「메뉴」에 따라 아기를 만든다

　태어나기 전에 부모가 아기의 특성을 어느 정도 선택하는 것은 이미 가능하게 된 일이다. 원하기만 한다면 아들과 딸을 선택하여 낳을 수 있게 되었지만, 그런 선택에 반대표를 던지는 것이 좋다고 생각한 나라들도 몇몇 있다.

　그러나 매우 가까운 장래에 아기의 모든 특성을 선택할 수 있게 될 것이며, 그러면 실제로 메뉴를 보고 아기를 가질 수가 있게 된다.

　이것에 반대하는 사람들의 주장은 우습다.

　현재로는 모든 것이 우연에 맡겨져 있는데, 아직도 여전히 원시적이거나 미신을 믿고 있는 사람들은 그것을 '신의 뜻'이라고 말한다.

　결과적으로 이러한 가족들은 종종 장애를 지닌 선천적 기형아들을 낳게 되며, 그 아이들은 일생동안 고통받고 수명도 대개 매우 짧

58

다. 그 뿐만 아니라 그런 아이들을 보살피는 일이 우리 사회에 커다란 짐이 되고 있다. 그러나 이 모든 고통들은 쉽게 회피될 수도 있었다.

건강한 아이만을 태어날 수 있게 하는 방법을 알고 있는데도 불구하고 일생동안 고통받으며 살 아이들을 태어나도록 허용하는 것은 일종의 범죄행위이다.

그러한 사람들은 "복제로 만들어진 아이는 부모가 진짜로 원했던 아이가 아니기 때문에, 그 아이의 정신적 균형에 위험을 줄 것이다. 아이를 갖는 것이 우리 자신의 기쁨을 위한 것이어서는 안되며, 새로 태어날 인간의 행복을 위한 것이어야 한다"라고 말한다. 그토록 아이들의 미래에 대한 사랑과 배려에 넘치던 사람들이 막상 아이들의 건강문제에 대해서는 꼬리를 내려버린다. 그들은 갑자기 "자연에 맡겨두는 것이 좋다"라고 말하며, 유전적 장애를 지닌 아이들이 임신되는 것을 예방하려고 하지 않는다. 그러나 복제를 통해 장애없이 태어나는 것보다 한쪽 팔이나 다리없이 태어나는 것이 훨씬 더 심각한 일이라는 것은 자명하디.

태어날 아기의 성을 선택하는 데 반대하는 것도 모순이다. 만약 어느 가족이 아들을 원하는데 딸이 태어났다면, 그 여자아이는 더 배척받고 구박받기 쉬울 것이다. 심지어는 다른데 팔려 나가거나 살해당할 수도 있는데, 불행하게도 어떤 나라들에서는 이런 일들이 실제로 일어나고 있다. 딸이 태어났다고 해서 그만큼 야만적으로 실망감을 드러내지는 않는 더욱 문명화된 나라에서일지라도, 이런 감정은 아이의 조화로운 성장에 영향을 미칠 수가 있다.

태어날 아기의 성을 가족들이 결정하게 하면 그 아기는 100% 원했던 아기로서 사랑받을 것이 확실하다. 이것이야말로 아이들의 장래를 위해 진정으로 배려하는 일이다.

대부분의 가족들은 아들과 딸 모두를 원하기 때문에, 아기의 성을 선택한다고 해서 그것이 세계인구의 성균형을 크게 변화시키지는 않을 것이다. 그리고 우리가 복제를 통해 생식할 수 있게 되면 이런 일은 당연히 더 이상 문제가 되지 않는다!

남아를 많이 선택하거나 여아를 많이 선택하여 성의 균형이 무너진다 하더라도, 복제를 통해 그 인구집단의 존립을 위한 기본적인 출산율을 유지시켜 줄 수가 있는 것이다.

나는 개인의 자유가 보장되는 나라인 미국이 이 분야에서도 다시한번 개척자가 될 것이라고 생각한다.

시험관수정(IVF)을 처음으로 승인한 것은 바로 미국의 훌륭한 시스템인 최고재판소인데, 최고재판소의 판사들은 종신직으로서 집권당으로부터 완전히 독립되어 있다. 판결 근거는 미국의 헌법은 자신의 출산 방법을 선택할 개인의 권리를 보장한다는 것으로서, 결과적으로 오늘날 매일 수백 명의 어머니들이 그 판결의 혜택을 받고 있다. 시험관수정에 적용되는 논리는 복제에도 그대로 적용될 수 있다.

그러므로 태어날 아기의 특성을 선택할 자유도 있는 것이다. 태어날 아기의 부모가 그 아기의 육체적 및 지적 특성들을 선택하지 못할 이유는 아무 데도 없다.

게다가 아기가 부모의 기대에 부응하면 할수록 그 아기는 더욱 더 사랑받을 것이기 때문에, 여기에 바로 아기의 행복이 달려있다고 할 수 있다.

과학자 가족이 자기 아이가 자기 분야에서 천재가 되기를 원한다고 해서 어떤 해악이 생기겠는가? 만약 우연에 맡겨둔다면 그들은 스포츠나 음악 외에는 아무 관심없는 아이를 가지게 될지 모른다. 여기서 부모가 아이의 타고난 재능에 간섭함으로써 그 아이의 인생을 비참하게 만들 가능성이 매우 커지는데, 이런 일은 자주 일어나고 있다. 이 세상은 자신이 진정으로 원하지 않았던 일을 부모로부터 강요받아, 결코 되돌릴 수 없는 상태에 빠져 있는 사람들로 가득하다. 그들은 끝없는 좌절에 비틀거리다가 자신의 고통을 자살로 끝장내버리든지 아니면 마약이나 알코올에 빠져 자신을 서서히 죽음으로 밀어 넣고 있다.

만약 음악가 부부가 음악에 재능이 있는 아이를 원하고 또 그것을 유전적으로 가능하게 만들 수 있다면, 이것은 모두가 이길 수 있는 상황으로 이끌어 줄 것이다. 부모와 아이는 함께 완벽한 행복을 느끼고, 부모는 아이가 자신의 재능을 발전시킬 수 있는 이상적인 환경을 만들어 줄 수 있을 것이며, 행복한 삶을 살며 재능에 넘치는 미래의 거장(巨匠)은 사회의 진정한 자산으로 성장해 나갈 것이다.

높은 수준의 과학자 부부나 스포츠 부부들에게도 같은 이야기를 할 수 있다.

그러므로 부모가 태어날 아기의 특성을 선택할 수 있다면, 부모와 미래의 아이 및 우리 사회가 모두 그 혜택을 누리게 되는 것이다.

이에 대한 소위 모든 '윤리적 우려'는 구실에 지나지 않으며, 그 것은 원시적 종교에 뿌리를 두고 있다. 그들은 무고한 아이가 어떤 결함을 타고나는 것도, 그의 삶을 명예롭게 만들 어떤 재능을 타고나는 것도, 모두 상상 속의 신이 내리는 결정에 맡겨두기를 원한다.

그렇지만 이러한 우리 시대의 윤리적 의문들이 완전히 비윤리적으로 여겨질 날이 올 것이다. 왜냐하면 이런 윤리적 의문들은 태어날 아기들의 진정한 행복이나 인류의 미래를 고려하고 있지 않기 때문이다.

다시 말하건대 사람들이 선택하도록 허용하는 것이 현명한 일이다. 만약 선택의 자유가 주어진다면, 거의 대부분의 부모들이 태어날 아기들의 특성을 우연에 맡겨두기보다는 자신들이 선택하기를 원할 것이 틀림없다. 스스로 의식하는 것을 제한하는 종교적 믿음에 완전히 빠져 있는 소수의 사람들을 제외하고는, 자신의 아이에게 최고의 것을 주고 싶지 않은 어머니는 이 세상에 없을 것이다.

진정한 문제는 "오늘날 우리가 예방할 방법을 알고 있는 기형, 장애 또는 일생을 괴롭힐 질병을 지닌 아이가 태어나도록 결정하는 일을 그런 소수의 사람들에게 맡겨 두어야만 할 것인가"일 것이다.

민주주의 방식을 따르더라도 아이를 위해 가장 좋은 것이 무엇인지를 그 어머니보다 더 잘 알고 있다고 주장하는 '윤리적으로 옳은' 종교적 보수주의자들을 숫자적으로 누를 수 있다.

게다가 이런 사람들이 장애아들을 보살필 부담을 우리 사회에 떠넘길 권리를 갖고 있는가? 그렇게 태어난 장애아들은 바로 낡은 종교적 믿음에 근거한 그들의 범죄적인 결정의 결과가 아닌가?

종교적 동기라면 무슨 범죄라도 정당화될 수 있는 것인가? 다행스럽게도 우리는 더 이상 종교적 헌신이라는 미명하(美名下)에 저질러지는 인류의 희생을 용납하지 않게 되었으며, 마침내 종교적 믿음에 근거한 성기절제를 불법화하기 시작했다. 이제는 또한 유전적 기형을 타고날 아이의 임신을 금지할 때가 되지 않았는가? 그것을 방지할 방법을 알고 있는데도 그렇게 하지 않는 것은 인류에 대한 범죄가 아닌가?

유전자변형식품 :
세계의 기아문제에 대한 해결책

마침내 우리는 유전자공학 덕분에 모든 사람들에게 풍부한 식량을 공급할 수 있게 될 것이다.

유전자변형식품은 인류의 미래이다. 여기에는 많은 이점(利點)들이 있다.

토양에 뿌려지는 살충제와 살균제는 심각한 오염원 중 하나인데, 무엇보다도 우선 유전자변형식품은 그러한 약제의 살포를 대폭적으로 줄일 수 있게 해준다.

그리고 최근 유전자조합으로 만들어진 쌀의 경우에서 보듯이, 유전자변형식품은 제 3 세계 국가들의 국민들에게 절실히 필요한 비타민의 중요한 공급원이 될 수 있다.

서양사람들이 거대한 고층빌딩의 높은 사무실에 앉아서 "유전자변형식품은 건강에 위험하다"라고 선언하기란 매우 쉬운 일이다. 그러나 먹을 양식이 없는 것은 건강에 더욱 위험하다. 그밖의 요소들은 사소한 문제에 지나지 않는다.

초기의 유전자변형식품들이 완벽하지는 않다고 하더라도, 우리는 그에 대한 실험을 계속해야만 한다. 왜냐하면 그렇게 함으로써 품질을 개선시켜 나갈 수가 있기 때문이다.

인공적으로 만들어진 이런 새로운 품종들이 통제를 벗어나 「자연」의 품종들과 교배할 것이라는 우려는 근거가 없는 것으로서 무지에서 비롯된 것이다.

최근까지만 해도 모든 유전적 변형들은 정원사나 사육자들에 의한 수세기에 걸친 선택의 결과였다.

유전자변형식품은 그와 전혀 다르지 않는 것으로서 다만 시간이 크게 절약된다는 것이 다를 뿐이다.

수확량을 크게 높이는 데 몇 세기가 걸린 밀이 야생종 밀들과 섞이게 될 위험이 있다고 걱정하는 사람은 아무도 없거니와, 우유를 20배나 많이 생산해 내는 젖소들이 야생소들과 교배하여 그들을 오염시킬지 모른다고 걱정하는 사람도 없다!

유전자공학을 이용하면 식량을 풍부하게 공급하고 오염을 줄일 수 있을 뿐만 아니라, 맛도 유전공학적으로 조작할 수가 있기 때문에 놀라운 맛을 지닌 각종 과일과 야채들을 재발견할 수도 있다. 딸기의 맛을 향상시켜 정제된 백설탕을 넣지 않고도 자연적으로 더 달게 만들 수가 있는 것이다.

　　살충제도 쓰지 않은 완전한 자연산으로서 100배나 더 맛이 좋은 과일과 야채들을 상상해 보라. 캔디처럼 달콤한 딸기와 바나나와 파인애플을 즐길 수가 있다. 이 모든 것이 가능한 일이다.

　　이것은 가축에도 동일하게 적용된다. 최근 유전자조합기술로 야생종보다 10배나 빨리 성장하는 연어가 만들어졌다.

　　소위 '생태학적' 반대자들은 이 개량연어들이 밖으로 빠져나가 자연의 연어들과 교배할 위험이 있다는 구실 하에 그것의 상업화를 봉쇄하려고 노력하고 있다. 하지만 그렇게 된다고 한들 무엇이 문제인가? 그렇게 될 경우 연어들은 10배나 더 커질 것이다. 이것에 불평할 어부는 아무도 없을 것이다.

　　이런 발전에 반대하는 자들의 입을 다물게 하기 위해 유전학자들은 유전자개량 연어들의 생식능력을 제거하는 방안을 제의하고 있다. 그러나 분명히 연어잡이 어부들은 10배나 더 작은 연어들을 잡는데 만족스러워하지 않을 것이다.

　　게다가 이 유전자개량 연어의 맛 또한 일반 연어에 뒤지지 않는다. 그뿐만 아니라 육질의 맛을 제어하는 유전자를 변형시켜 더욱 맛있게 만들 수도 있다. 모든 육류에도 같은 기술을 응용할 수 있다. 예를 들면 소의 생고기를 숙성시킨 고기처럼 부드럽고 맛있게 만드는 것은 아이들의 장난만큼이나 쉬운 일이 될 것이다. 이러한 기술을 발전시켜 나가면 모든 종류의 음식물들을 변형시키는 것이 가능해질 것이다.

최근 과학자들은 발광(發光)해파리의 어떤 유전자를 토끼의 유전자에 끼워 넣어 발광토끼를 만들어냈다.

자외선에 노출되면 이 토끼는 형광을 발산한다. 이 동물은 아이들에게 애완용으로 큰 인기를 끌 것이 틀림없다.

물론 이것에 대해서도 소위 '동물보호자'들은 반대의 목소리를 높였다. 그렇지만 이 토끼가 자신이 빛을 내는 것에 대해 불평한 적이 있는가? 내가 알고 있는 한 그런 적은 없었다. 왜냐하면 유전자 변형기술이 아직까지 토끼에게 언어능력을 부여해줄 수는 없기 때문이다. (그러나 미래에는 그렇게 만들 수 있을지도 모른다!)

왜 건강한 발광토끼가 보통 토끼보다 덜 행복하다고 생각할 수 있단 말인가? 거듭 말하건대 이러한 항의는 과학에 반대하는 원시적인 사람들의 통상적인 반응에 지나지 않는 것이다.

개인적으로 누가 나에게 발광유전자를 주입하여 내가 빛이 나도록 만들어주면 좋겠다. 그렇게 하면 밤에 해변에서 파티를 벌일 때 얼마나 재미있을까! 언젠가 그렇게 할 수도 있을 것이다.

유전적으로 변형된 애완동물이 보수주의자들에게 그렇게나 충격을 주는 이유는 무엇일까? 그들은 불테리어나 불독, 요크셔테리어 또는 치와와의 끔찍한 얼굴에도 충격을 받는가? 그렇지 않다. 하지만 이런 품종들은 모두 늑대나 야생견에서 유래된 것들로서, 수세기에 걸친 유전적 선택의 결과들이다.

만약 오늘날 유전학자들이 늑대나 야생견으로부터 직접 재칼이나 치와와를 만들어 낸다면 동물보호주의자들은 "큰일이다! 우리에게는 그런 식으로 종(種)을 변형시킬 권리가 없다"라고 아우성칠 것이다. 그러나 그들은 우글쭈글한 피부에 털이 하나도 없는 고양이를 보고 어느 한 사람 불평하기는 커녕 오히려 모두들 찬사를 보낸다. 단지 그런 유전적 변형이 이루어지는 데 몇 달이 아니라 몇 세기가 걸렸다는 이유만으로 말이다. 이보다 더 웃기는 일이 또 있겠는가?

인터넷 :
일종의 종교적 체험

복제에 반대하는 그「공룡」들이 가장 새로운 세계적 통신수단인 인터넷이 주는 자유에도 반대하리라는 것은 당연히 예측할 수 있는 일이었다. 그 이유는 물론 세계의 모든 정부가 항상 통제하고 검열해 왔던 전통적인 통신수단들을 회피하여 사람들이 손쉽게 서로 통신할 수 있게 되었기 때문이다. 통신의 통제는 각국 정부의 꼭두각시인 입법의원들을 통해 행해졌을 뿐 아니라, 대중의 입에 재갈을 물리려는 정부의 노력에 알게 모르게 공모해 왔던 경제세력 및 종교세력들에 의해서도 행해져 왔다.

당신이 이 글을 읽고 있는 동안에도 주요 신문과 TV 들은 입을 벌리고 있는 대중들에게 숟가락으로 떠먹여 줄 '정치적, 경제적 및 종교적으로 올바른' 정보를 요리해 내느라고 시간외 근무까지 해가며 일하고 있다. 이런 미디어 쓰레기들의 주된 목적은 정부가 착취하고 통제하기 쉽도록 독자 및 시청자들을 순한 양떼로 만들고, 그와 함께 사람들에게 그들이 거의 완벽한 자유로운 사회에 살고 있다는 환상을 심어주는 것이다. 중국과 프랑스 정부는 이런 기만의 명수이며, 양국 정부 모두 미국의 한 보고서에서 종교적 자유를 존중하지 않는다고 지적받은 바 있다.

예를 들면 프랑스인들은 자기들이 특별히 자유로운 나라에 살고 있는 줄로 확신하고 있지만 그것은 완전한 오해이다. 자유의 나라라고 한다면 그것은 미국이다. 그렇지만 미디어의 지원을 받은 국가적 선전에 의해 프랑스 국민들은 그들의 자유가 거의 국민적 유산이라고 할 만큼 국가의 자랑이라고 확고히 믿고 있다. 프랑스인들은 그들의 자유에 대해 너무나 큰 자부심을 가진 나머지, 그 자유가 거의 완전히 침식되어 있다는 사실을 전혀 깨닫지 못한다.

누가 프랑스와 비교하여 미국과 같은 진정한 자유국가를 거론할 때면 그들은 즉각적으로 "미국의 자유는 도가 지나친 것이다, 미국은 안전한 나라가 아니다, 미국에는 사형제도가 있다, 미국에는 빈곤이 존재한다..."라는 등 미국의 부정적인 면들을 틀에 박힌 듯이 나열한다.

실제로 그들은 과장된 자존심에 빠진 나머지 자기들은 '충분히 자유롭지만 그 자유가 지나치지 않은 완벽한 균형'을 잡고 있다고 믿고 있다.

이런 상황은 운전자들이 자기를 추월하는 사람은 누구나 운전하기에 너무 어린 난폭한 어린애라고 생각하고, 반면에 자기가 추월하는 사람은 누구나 운전하기에 너무 늙은 노인이라고 생각하는 것과 별로 다르지 않다. 모든 사람들이 각자 자신의 관점에서 사물을 본다는 사실은 잘 알려져 있다.

그러나 자유의 문제에 있어서는 "전부냐, 아니냐"가 있을 뿐이다.

"완전한 자유란 있을 수 없다. 혼란을 막기 위해서는 제한이 필요하다"라고 주장할 수도 있다. 그렇다. 정의가 존재하려면 법이 필요하다는 것은 사실이다. 그리고 모든 시민들은 인종, 재산, 권력에 관계없이 동등한 권리를 가져야 한다는 법률도 필요하다. 그러나 이런 법률은 정부에 대해서도 마찬가지로 적용되지 않으면 안된다.

미국에서는 정부가 헌법에 보장된 개인의 자유나 표현의 자유를 침해하는 법률을 제정한 경우 그에 대한 책임을 져야 한다. 그렇지만 프랑스에서는 그렇지 않다. 공공질서가 위협받을 때는 이런 자유를 제한할 수 있다는 조항이 있기 때문이다. 그들은 언제든지 이 엉터리 구실을 끄집어내어 인권선언문에 보장되어 있는 개인의 자유를 공격하는데 사용한다.

인권선언문에 보장되어 있는 기본적인 자유에는 공공질서를 유지하기 위해서라 할지라도 어떠한 제한조항도 덧붙여서는 안된다. 어떤 서적의 출판을 금지하거나, 어떤 인터넷 사이트에 들어가는 것을 금지하거나, 또는 어떤 종교적 소수파들을 차별하는 나라는 자유로운 나라가 아니다. 표현의 자유는 전면적인 것이어야 하며 어떠한 제한도 있어서는 안된다. 그렇지 않다면 자유가 없는 것이다. 그러므로 미국에는 자유가 있는 반면 프랑스에는 자유가 없다. 이것은 문서상으로 또한 사실로도 확인할 수 있다. 아무리 강력한 미국정부라 할지라도 헌법에 배치되거나 표현의 자유를 침해하는 법률을 통과시킨 경우, 그런 법률은 정부의 기존이익과는 분리된 독립조직인 최고재판소에 의해 무효화된다.

한편 인터넷을 통하면 정보를 자유롭게 직접 전할 수 있기 때문에 정치, 종교, 과학, 경제 등 모든 문제에 있어서 주류와 다른 의견을 가진 사람들은 누구든지 자신의 생각을 인터넷에 발표함으로써 다른 사람들을 생각하게 만들거나 또는 공식적인 관점에 의문을 품게 만들 수가 있다. 바로 이 때문에 전체주의 국가들은 그들의 절대권력을 침식하는 인터넷을 통제하려고 노력하고 있다.

표현의 자유는 너무나도 중요하기 때문에 인권선언문에도 보장되어 있지만, 이제 그 자유의 실현을 위해서는 인터넷이 이상적인 도구라는 사실을 알게 되었다.

제한없는 표현의 자유가 헌법으로 보장되어 있는 세계 유일의 나라 미국이 인터넷에 대해서도 완전한 자유를 부여하고 계속 그런 방향을 유지하겠다는 의지를 보여주고 있는 사실은 놀랄 일이 아니다. 반면 독일이나 프랑스 같은 나라들과 함께 중국은 자유국이라는 이미지를 부각시키고자 애쓰고 있지만 현실적으로는 자유가 없다. 이러한 나라들은 인터넷의 자유를 제한하며 인터넷상에 특정한 의견을 발표한 사람들을 투옥시킨다.

예를 들면 프랑스에서는 나치 집단수용소의 현실을 부정하거나 축소함으로써 수정주의 경향을 드러낸 몇몇 사람들이 투옥되었다. 그러나 이와 동일한 견해들이 미국 웹사이트에서도 발견되고 있지만, 미국은 그것을 바꾸게 하려는 의향이 없다.

또 프랑스는 야후프랑스를 통해 프랑스 이용자들이 나치 물품들을 경매로 팔고 있는 미국사이트에 접속하는 것을 금지시켰다. 그렇다 하더라도 이런 물건의 구입에 관심있는 프랑스 사람들은 미국서버에 접속하여 여전히 물건을 구입할 수가 있다. 독일에서도 많은 극우파 인터넷 사이트들이 정부에 의해 강제로 폐쇄되었지만 그것들은 곧바로 미국에서 재개통되었다.

이것이 바로 마술과도 같은 인터넷 자유이다. 독재적이고 반자유적인 정부가 소위 수정주의 서적들의 출판을 금지시키더라도 그 책들은 며칠만 지나면 틀림없이 인터넷상에 나타난다. 프랑스에서 이런 일은 로저 가라우디 및 전 대통령 프랑스와 미테랑의 주치의가 쓴 책 등의 경우에서 여러 번 일어난 바 있다.

인터넷은 섬얼의 죽음을 의미한다. 인터넷은 「금지」의 종말이다! 그들은 더 이상 금지를 실행할 수가 없다. 왜냐하면 그들이 차단하려는 어떤 사상이나 표현도 인터넷의 작은 틈새로 빠져나갈 수 있기 때문이다.

나는 수정주의자들이나 신나치철학에 찬성한다고 말하려는 것이 아니라, 인권선언문에 보장되어 있는 표현의 자유에 따라 모든 사람들이 자신의 생각을 자유롭게 발표할 권리를 가져야 한다고 말하려는 것이다.

세계에서 유일하게 자유의 기본적인 이 원리를 지키고 있는 나라 미국에서는 그렇게 하고 있으며, 그렇다고 해서 그 때문에 생기는 문제는 전혀 없다. 표현의 자유는 모든 사람들에게 허용되므로 인종적 증오와 나치이념에 반대하는 사람들도 그들의 생각을 자유롭게 발표할 수 있다. 그리고 이런 사람들의 수가 더 많기 때문에 결과적으로 인터넷에는 인종들간의 우의와 존중을 전파하는 사이트의 숫자가 더 많아지고, 대다수의 사람들이 이러한 가치관을 공유하게 된다. 그러면서도 표현의 자유는 계속 존중되는 것이다.

이와 같은 인터넷의 자유가 위에 언급한 극단적인 경우들에서도 신성하게 존중될 때, 인터넷은 새롭고 또한 훨씬 더 혁명적인 지평선을 향해 그 문을 열어줄 것이다.

인쇄기가 발명되어 사상의 흐름이 자유롭게 된 결과 종교에 일대 혁명이 일어났으며, 나아가 그것은 프로테스탄트와 카톨릭교회의 분열을 초래했다. 그리고 그 덕분에 당시 막강한 권력을 휘둘렀던 카톨릭교회의 세력이 약화되었다.

그 당시에도 프랑스와 같은 전체주의적이며 반자유적인 국가들은 피비린내 나는 학살을 저지르며 자유주의운동에 재갈을 물리려고 노력했다. 예를 들면 성바톨로뮤에서는 프랑스 정부의 명령에 의해 수천 명의 프로테스탄트들이 참살당했다. 그 시대에서조차 수정주의자들은 차별을 받았다. '정치적으로 올바른' 대다수 카톨릭 교도들과는 다른 생각을 하는 사람들에 대해 프랑스 정부는 이렇게 말했다. "그들을 죽여라. 하나도 남김없이 다 죽여야 한다." 이것은 프랑스의 오랜 전통이 되어 왔으며, 오늘날에도 어떤 사람들은 그런 프랑스인임을 자랑스럽게 여긴다.

확립된 권위에 의문을 제기하는 새로운 생각을 인쇄할 수 있었던 것은 그 자체가 하나의 혁명이었다. 왜냐하면 그것은 입에서 귀로 전달되는 것보다 훨씬 더 멀리 생각을 전할 수 있었기 때문이다. 그 전에는 그가 환상가이거나 혁명가이거나 간에 한 사람의 천재가 한 번에 말할 수 있는 대상은 소수의 사람들일 수 밖에 없었다. 즉 그들의 새로운 생각이 사회에 영향을 미치려면 몇 세기가 걸렸던 것이다.

그러나 인쇄기 덕분에 그들의 생각이 사회에 본격적으로 영향을 미치게 되는 시간이 불과 수 년으로 줄어 들었다. 바로 이 때문에 신교가 그렇게나 빨리 폭발적으로 확산되었던 것이다.

만약 예수시대에 인쇄기가 있었더라면 기독교가 유럽 전역에 퍼지는 데 몇 세기나 설리시는 않았을 것이다.

오늘날에는 인터넷을 이용하면 전 지구상에서 즉시 혁명적인 사상들에 접근할 수가 있다. 그리고 이제 e-book, 즉 선사책이 등장하고 있다.

스티븐 킹은 최근 이 방법을 이용하여 그의 최신 스릴러를 인터넷상에서 바로 출판했다.

신문을 취급하든 책을 취급하든 종이로 출판하는 회사들은 곧 사라질 것이다. 순전히 종이를 만들기 위해 매일 수천 그루씩의 나무들이 베어지는 것을 생각하면 이것은 환경을 위해 매우 좋은 일이다. 게다가 종이를 희게 만들기 위해 강물과 대기 중으로 쏟아 붓는 엄청난 양의 화학약품과 인쇄에 사용되는 잉크 또한 화학약품과 다름없이 오염원이 되고 있다는 사실을 생각하면 더 말할 나위도 없다.

학생들의 입장에서도 책이 가득 찬 가방을 짊어지고 다니는 대신 전 교과과정이 수록된 포켓 컴퓨터 크기의 전자책 하나만 들고 가면 되기 때문에 등도 고달프지 않게 되는 좋은 뉴스이다. 이것은 물론 학생들이 계속 학교에 다니게 될 경우의 이야기이다. 아이들은 집에 머물면서 개인용 단말기로 공부할 수 있게 될 것이므로 학교시설은 남아돌게 될 것이다. 학생들은 전세계의 최고 교사들로부터 가장 최근의 지식을 온라인 상에서 배우게 될 것이다. 그리고 교과내용은 가속적으로 진행되는 새로운 발견들을 보충하기 위해 매주 간격으로 갱신될 것이다.

나아가 모든 환자들이 혜택받는 일이 되겠지만, 의과대학생들은 더 이상 현재와 같이 10 년이나 낡은 지식을 배우지 않게 될 것이 틀림없다. 그러나 물론 이것도 의사가 계속 존재할 경우의 이야기이다. 왜냐하면 미래에는 로봇, 컴퓨터, 나노테크놀로지가 의사들을 대신할 것이기 때문이다.

오늘날 보다 젊은 세대의 사람들은 일요일 아침 성당의 미사에서 보내는 시간보다는 인터넷에서 보내는 시간이 더 많다. 그리고 부모가 미사에 가도록 강요하는 가정을 제외하고는 모든 젊은이들이 컴퓨터 앞에서 시간을 보내는 것을 더 좋아한다.

젊은이들이 그렇게 하는 것은 너무나 당연하다. 왜냐하면 오늘날 인터넷은 그 어떤 미사보다도 훨씬 더 종교적인 체험을 주기 때문이다!

작은 컴퓨터 화면을 통해 그들은 인종이나 종교의 구별없이 모든 인류와 연결된다. 인터넷보다 인류를 더 결합시켜 주는 것은 없다.

미국의 젊은이가 러시아나 중국의 젊은이들과 바로 대화할 수 있기 때문에, 그들은 자기 나라의 미디어가 정치적 조건 속에서 말하고 있는 것들이 사실인지 아닌지 금방 알 수가 있다. 대개 그들은 미디어의 말이 사실이 아니라는 것을 알게 된다. 그러므로 인터넷은 세계평화를 위한 도구인 것이다. 인터넷이 생기기 전에는 미디어가 젊은이들을 속여 '산너머 있는 사람들은 모두 야만인들'이라고 생각하게 만들 수 있었다. 그러나 이제 그런 종류의 선전을 믿는 사람은 아무도 없다. 지금은 아이들도 인터넷을 통해 그런 보도를 확인해 볼 수 있다.

국제정치와 관련하여 미디어는 더 이상 그런 식으로 사람들의 생각을 지배할 수가 없다. 사람들은 적국의 주민들과도 대화실에서 서로 대화하며 미디어가 말하는 것이 사실인지 아닌지 물어볼 수 있다.

종교(religion)이라는 단어는 라틴어의 religere 에서 나온 것으로서, 이것은 '연결'을 의미한다. 인터넷보다 인류를 더 연결시키는 것은 없다.

정부들은 이것을 알고 있다. 그렇기 때문에 어떤 나라들에서는 인터넷에 접근하는 것을 제한하거나 통제하려고 노력하고 있는 것이다.

그러나 정부들이 아무리 인터넷을 차단하려고 노력해도 밀려오는 정보의 파도에는 저항할 수가 없을 것이다.

지금 이 순간, 하나의 거대한 집단의식이 형성되기 시작하고 있으며, 그리고 인터넷은 신경세포들을 서로 연결시켜 주는 전류와도 같다. 우리는 모두 「인류」라는 거대한 두뇌의 신경세포들이며, 인터넷은 우리들 사이를 흐르고 있는 메시지이다. 「신인류」란 신경세포들 사이를 흐르고 있는 신호와도 같은 것이다.

매일 수백만의 사람들이 전세계적인 네트워크상의 거대한 집단 미사에서 온라인으로 성찬을 받고 있다.

젊은 세대의 사람들은 이런 기술과 함께 성장하고 있기 때문에, 낡은 세대의 사람들보다 세계의 다른 곳들에 훨씬 더 많이 연결되어 있다. 그들의 세계의식은 어른들의 의식보다 훨씬 더 높다. 그들은 마우스를 클릭하기만 하면 세계 어느 곳에든 연결할 수 있다는 사실을 잘 알고 있는 것이다.

컴퓨터와 나노테크놀로지 :
노동의 폐지

　이제 얼마 지나지 않으면 인간 두뇌의 능력은 컴퓨터의 능력에 추월당할 것이다.

　이미 가장 우수한 수학자일지라도 현대의 컴퓨터만큼 빨리 계산할 수가 없으며, 기억력에 있어서도 마찬가지이다.

　어느 누구도 그렇게 많은 정보들을 그렇게 정확하게 기억해낼 수가 없다.

　인공지능과 뉴런컴퓨터가 발달하게 되면, 창조성 및 환경적응력을 포함한 컴퓨터의 능력은 인간 두뇌의 능력보다 무한히 더 커질 것이다.

　이러한 인공지능이 인류에게 가져다줄 최초의 혜택은 그것이 헤아릴 수 없이 많은 하급관리들과 비생산적인 종업원들을 대신하게 될 것이라는 사실이다.

모든 사회의 경제구조가 뒤바뀔 것이다. 제일 먼저 대대적인 세금의 감면이 행해지고, 인류 역사상 유례없는 경제적 발전이 이루어질 것이다.

그런 다음 나노테크놀로지가 등장하여, 공업에서 농업까지 모든 산업에서 인간의 노동을 완전히 대신해 줄 것이다.

분자 수준에서 작동하는 초소형 로봇을 이용하면 광부들을 쓰지 않고서도 채광할 수 있고, 공장노동자들을 쓰지 않고서도 광석들을 제련할 수 있으며, 심지어 작물을 심거나 가축을 기르는 과정조차도 생략한 채 농부들도 없는 농장에서 기본적인 화학물질들을 야채나 유제품들로 변환시킬 수가 있다.

이와 같은 나노봇(= 나노 로봇: nano robots)들이 무한소의 세계에서 직접 작업하며 필요한 원자와 분자들을 조합함으로써 우리가 필요로 하는 모든 것들을 생산해낼 것이다.

예를 들어 철이 필요한 경우 우리는 수십억 개의 나노봇들을 땅 속에 집어넣어 우리가 노동하는 대신 그것들이 광물질을 추출하도록 하면 그만이다. 그러면 그 광물들은 나노봇들에 의해 자동적으로 공장에 운반되어 컴퓨터화된 기계 속에 투입되는데, 그 기계는 또 나노봇들이 광물들을 정제하여 순수한 철로 만들도록 프로그램되어 있다.

또 다른 예로서 면(綿)이 필요한 경우, 최고급 품질의 면을 구성하는 정확한 화학구조를 컴퓨터에 프로그램한 뒤 일반적으로 면에 포함되는 기본적인 원소들과 화학물질들을 기계 속에 집어 넣는다. 그러면 컴퓨터가 수십억의 나노봇들에게 지시를 내려 그 물질들을 완벽한 면으로 바꾸어준다.

닭고기가 먹고 싶다면, 닭고기를 구성하는 화학물질들을 또 다른 기계 속에 집어넣기만 하면 된다. 그러면 완벽한 품질의 맛있는 닭고기가 만들어진다. 게다가 그 닭고기는 첨가제, 호르몬제, 살충제 등을 전혀 사용하지 않은 것으로서 옥수수로 키운 최상급의 닭고기와 정확히 동일한 합성물일 것이다.

이와 같은 이야기를 물고기, 쇠고기, 과일, 야채, 기타 모든 음식물에 대해서도 그대로 할 수 있다.

모든 음식물들은 각각 독특한 화학구조를 갖고 있으므로, 이 정보를 나노봇들에게 알려주면 그것들이 원자와 분자들을 조합하여 화학적으로 해당 음식물을 만들어낼 수가 있는 것이다.

그리고 이런 나노봇들을 만들어내는 공장도 필요하지 않을 것이다. 왜냐하면 나노봇들은 자기재생산이 가능하도록 만들어져 있어서 인간의 손을 빌리지 않고서도 자신을 복사해낼 수가 있을 것이기 때문이다.

우리들의 이익을 위해 무한소의 세계를 누비는 나노봇들이 가득한 세상을 상상해보자. 나노봇들에게는 특별한 작업장도 필요없고 숙소도 필요없다. 그것들은 하천을 정화시키기도 하고, 수세기에 걸쳐 쌓여진 오염물질과 우리가 저질렀던 수많은 과거의 잘못들을 청소하기도 하며, 어느 곳에서든 일할 수 있을 것이다.

인간의 노동이 사라지게 되면, 물론 우리 사회의 경제적 및 사회적 구조는 완전히 바뀌게 될 것이다.

만약 인간에 의한 노동이 더 이상 필요하지 않게 되면 노동자, 농부, 기타 수천 종류의 일에 종사하던 사람들이 갑자기 직업을 잃게 되어 수입이 없어질 것이다. 이렇게 되면 현재와 같은 야만적인 자본주의하에서는 대부분의 사람들이 굶주림과 고통에 빠지게 된다. 이런 상황은 물론 용납될 수가 없다.

엘로힘이 그들의 행성에서 그랬던 것처럼, 우리도 모든 사람들이 태어나서부터 죽을 때까지 (만약 죽게 된다면!) 일생동안 기본적인 쾌락을 누리며 편안하게 사는 데 필요한 최소한의 돈을 받을 권리를 줄 수 있는 방법을 강구해야 한다.

이 돈은 최소한 사람들이 의식주를 해결하고 또 여가를 즐기기에 충분한 금액이어야 한다.

마침내 모든 노동이 나노봇과 컴퓨터 및 기타 생물학적 로봇들에 의해 수행되게 될 때, 그것은 인류역사에 있어서 가장 위대한 해방의 순간이 될 것이다.

그러나 이것은 공산주의와는 아무런 관계가 없다. 공산주의는 모든 사람들을 노동자로 만든 뒤, 모든 노동자들을 강제로 평등하게 만들려고 시도했다. '고통받는 데 있어서의 평등'이라고 말해도 좋으리라!

그런 반면에 노동할 필요가 없는 새로운 사회에서는 모든 사람들이 평등하게 즐기며 개화할 수가 있을 것이다.

어느 누구도 일할 필요가 없기 때문에 우리가 알고 있는 화폐는 사라질 것이다. 이미 우리 사회에서 시작되고 있는 것처럼 화폐는 크레딧카드로 대체되어, 모든 사람들은 각자 원하는 만큼 매월 일정한 크레딧을 갖게 될 것이다.

나노테크놀로지는 주거문제와 식량문제 등 우리가 갖고 있는 모든 문제들을 해결해 줄 수 있다.

주거공간은 생물학, 전자공학 및 나노테크놀로지를 결합시켜 설계할 수 있다.

나노봇들을 이용하면 수백만 명이 거주할 수 있는 거대한 건물을 사람의 노동력을 전혀 쓰지 않고서도 건설할 수 있을 것이다. 그리고 그런 건물의 청소와 보수도 나노봇들이 도맡아서 해줄 수 있다.

음식물은 어떨까? 이것도 쉽게 상상할 수 있다. 현재 우리가 사용하고 있는 수도처럼, 각 가정은 물뿐만 아니라 우리가 먹고 싶은 음식을 즉석에서 만들어내는 기계에 주입할 기초물질들을 지속적으로 공급받게 된다. 앞서 예를 든 것처럼 닭다리로 가공되든 야채샐러드로 가공되든 그 기초물질은 항상 동일하다. 기계에 의해 형성되는 분자의 배열이 음식물에 따라 달라질 뿐인 것이다. 철갑상어 알이나 오리고기 요리도 마찬가지이다. 특정한 음식물을 즐기는 것이 더 이상 부자들의 특권이 되지 않을 것이다. 왜냐하면 음식물이란 '분자를 어떻게 배열시키는가'라는 문제에 지나지 않기 때문이다. 동일한 기초물질로 빵 한 조각에서부터 가장 이국적인 요리까지 모든 것을 만들어낼 수가 있다.

또한 이러한 기술은 모든 사람들이 가상현실에서 쾌락과 오락을 즐길 수 있는 평등한 기회를 제공하게 될 것이다. 화학적으로 만들어진 마약으로 건강을 해치는 일도 없이, 전자마약을 이용하여 상상할 수 없을 정도의 쾌감을 경험하게 될 날도 머지 않았다.

나아가 모든 사람들은 하나 또는 여러 개의 생물학적 로봇에 의한 육체적 봉사를 즐길 수 있게 될 것이다. 로봇들의 상세한 외모는 각자가 선택할 수 있을 것이며, 또 그것들을 성적 파트너로 삼을 수도 있을 것이다.

모든 사람들이 동등한 집, 동등한 사회보장, 동등한 음식, 동등한 생물로봇 하인, 그리고 동등하게 이상적인 가상공간 또는 생물학적 섹스파트너를 갖게 된다면, 사람들 사이에는 더 이상 질투가 생기지 않을 것이며 또 그로 인한 폭력도 일어나지 않게 될 것이다.

이렇게 되면 유례없는 사랑과 우애의 세계가 태어나게 된다. 모든 사람들은 자신만의 예술작품을 창조하는 데 기쁨을 느끼게 된다. 화폐가 없는 세계이므로 그런 예술작품들을 팔 수는 없고, 따라서 자기가 사랑하는 사람에게 선물로 주게 된다.

더 이상 일할 필요가 없기 때문에 사람들은 쾌락과 자기완성을 추구하는 삶을 즐길 수 있다.

과학연구나 예술창조를 하고 싶은 사람들은 물론 그렇게 할 수 있지만, 생활을 위해 돈을 벌며 인생을 잃는 것이 아니라 순수한 기쁨을 위해 그런 일을 하는 것이다.

과학적 발견과 예술적 창조는 개인주택, 더 넓은 아파트, 특별한 거주구역, 행성간 여행권, 사후복제를 통한 영원한 생명 등의 특별한 보상을 받게 되는데, 이것은 사람들이 사회에 봉사하도록 동기를 부여하기 때문에 유익한 제도가 된다. 또한 역사가 증명했듯이 모든 발전을 질식시켜버리는 공산주의의 폐해가 이런 제도를 통해 방지될 수 있다.

이와 같은 사회에서는 병원시설도 남아돌게 될 것이다. 왜냐하면 나노테크놀로지와 복제기술로 사람들을 치료하고 또 수명을 700 내지 900 세의 한계수명까지 연장시킬 수 있기 때문이다.

아이들은 가상현실을 이용한 컴퓨터 수업을 통해 세계에서 가장 훌륭한 교수들로부터 배우거나 또는 전자장치를 두뇌에 이식하여 필요한 지식을 필요할 때 입력받을 수 있게 될 것이므로 학교와 대학들은 완전히 사라질 것이다.

부모들도 더 이상 다른 일로 바쁘지 않기 때문에 자녀들의 상상력을 개발시키는 일에 전념할 수가 있다. 자녀들에게는 더 이상 지식을 외우는 교육을 시키지 않게 된다. 과학이 가속적으로 발전하고 있으므로 지식이란 곧 낡은 것이 되기 때문이다.

또한 사랑과 사회에 대한 봉사를 가르치는 것도 부모들이 가정에서 자녀들과 게임이나 스포츠를 가상현실로 또는 실제로 함께 즐기는 과정에서 더 잘 가르칠 수 있을 것이다.

그러나 이런 미래사회에는 아이들의 수가 많지 않을 것이다. 왜냐하면 인구과잉을 방지하기 위해 사람들은 자신의 수명을 연장하든지 자녀를 갖든지, 한 가지를 선택해야 될 것이기 때문이다.

자녀를 가질 사람들은 한정된 수명을 받아들여야 한다. 그러나 예외적으로 특별위원회의 마지막 판정에서 생애동안에 그가 행한 모든 행위를 고려하여 그럴 자격이 있다고 결정된 경우에는 영원한 생명을 누릴 특권이 주어질 것이다.

범죄 또한 거의 완전하게 사라지게 되어 감옥들이 남아돌게 될 것이다. 범죄는 폭력적 및 반사회적 행동을 유발시키는 유전자 오류를 찾아내어 치료한 뒤 비폭력과 타인존중의 원칙에 입각한 교육을 제공함으로써 척결할 수 있다. 그리고 가난과 사회적 불평등을 제거하면 모든 범죄는 사라질 것이다.

우주탐사 :
「신」이라는 신화에 대한 또 하나의 치명타

지구는 평평하고 또 우주의 중심이며 태양과 별들은 하늘에 빛나는 예쁜 장식물에 지나지 않는다는 유대 - 기독교에 근거한 패러다임과 믿음에 최초로 의문을 품었던 초기 과학자들은 상당히 고통스러운 시대를 겪었다. 많은 과학자들이 고문 테이블에서 죽거나 화형에 처해지기도 했다.

갈릴레오와 코페르니쿠스는 교회내부에 누적된 수많은 모순(교황은 '무오류'로 간주되었기 때문에 결코 그런 모순을 인정할 수 없었다)에 대한 의문의 제기를 금지한다는 교황의 명령에 복종함으로써 그런 운명을 겨우 피할 수는 있었지만, 지오다노 브루노같이 더욱 용기있는 사람들은 그런 모순을 받아들일 수가 없었고 결국 그 때문에 산 채로 불태워졌다.

그들에게 이 책을 바친다. 그들은 거짓 대신 진실을 택했고, 몽매주의와 맞서 과학을 옹호했으며, 악의에 찬 양치기들이 모는 양떼에 합류하기 보다는 개성과 의식을 지지했다.

그런데 로마교황은 거의 언제나 틀렸음이 역사적으로 증명되고 있음에도 불구하고 카톨릭교회가 계속하여 교황의 무오류성을 가르치고 있다는 사실은 흥미있는 일이다.

교황의 무오류성을 부정할 수 있는 가장 좋은 예가 바로 코페르니쿠스와 갈릴레오에 대한 교황의 유죄판결이다. 이것은 교황이 틀렸음을 증명하는 행위이며 따라서 교황은 오류를 범할 수 있는 존재인 것이다. 그러나 아무도 이에 대해 거론하지 않는다.

그로부터 수세기나 지나서야 교회가 잘못했음을 인정한 것은 용납될 수도 없고 또 너무나 늦었다. (그들로부터 잘못의 인정을 끄집어내기까지 우리는 20세기 말까지 기다려야만 했다!!!) 왜 그들은 교황이 무오류가 아니라는 사실을 인정하는 지적 정직성을 가질 수 없었는가? 그들은 이렇게 말할 수도 있었을 것이다. "그렇다. 이것은 교황이 무오류가 아니라는 사실을 증명하는 것이다. 이제부터 우리는 그가 무오류의 존재인 것처럼 가장하는 행동을 그만 두겠다."

그러나 그들은 교황이 잘못했다는 사실을 인정하면서도 여전히 그는 무오류의 존재라고 주장했다! 우리가 잘못을 저질렀다면 우리는 더 이상 무오류라고 주장할 수가 없다. 그렇지 않으면 언어는 아무런 의미가 없게 된다. 「무오류」란 절대로 틀리지 않는다는 의미이다. 절대로 틀리지 않는 사람이란 아무도 없다. 그것은 과학이 너무나 명백하게 증명했듯이 교황도 마찬가지이다.

생물학, 복제, 유전자변형에 대한 교황의 비난도 같은 운명을 밟게 될 것이다.

이렇게 살펴보니 모든 과학적 발견들에 대해 카톨릭교회가 반대하는 이유를 상당히 이해할 수 있겠다. 성서가 웅변적으로 말하고 있는 것처럼 "과학이 없는 자는 어리석다"라는 이 말은 로마의 종교권력이 항상 원해 왔던 바로 그 말이다. 카톨릭교회는 가능한 한 신도들을 어리석은 상태로 유지시켜 쉽게 통제할 수 있기를 원한다. 그리고 그들은 신도들에게 과학적 지식을 허용하지 않음으로써 이 목적을 달성했다. 왜냐하면 교회가 권력을 유지할 수 있는 것은 신도들에게 과학이 없을 경우에만 가능하기 때문이다.

지구가 둥글며 또한 우주의 중심도 아니라는 사실을 부정하고, 특히 성서가 라틴어로만 기록되기를 바라는 그들의 마음은 이 한 구절의 문장으로 요약될 수 있을 것이다. "우리는 어떤 대가(代價)를 치르더라도 대중이 사실을 이해하는 것을 막아야 한다. 그렇지 않으면 우리의 권력은 사라질 것이다." 이 말은 실제로 바티칸의 최고위 사제들이 오랫동안 글로 써왔던 바로 그 문장이다.

생물학과 복제, 그리고 인간을 포함한 새로운 생명체들을 실험실에서 창조할 수 있다는 사실은 "신은 존재하지 않으며 또한 육체와 분리된 영혼도 존재하지 않는다"라는 것을 입증해 주는 명백한 증거가 된다. 그리고 우주탐사 또한 이신론(理神論)에 또다른 강력한 타격을 가하고 있다.

옛날 모든 사람들이 이 세계는 평평하고 또 우주의 중심이며, 신하들이 왕에 복종하듯이 태양과 별들은 우리 세계를 돌고 있다고 믿었던 때는 하느님이 세상 모든 것을 일주일만에 창조하고 흰수염을 휘날리며 구름 속에서 인자하게 앉아 있다고 믿기란 매우 쉬웠다.

그러나 이제 우리는 세계가 평평하지 않다는 것을 알고 있다. 또한 우리는 지구가 자축을 중심으로 자전하면서 태양을 돌고 있으며, 태양은 또 은하계의 중심 주위를 빠른 속도로 돌고 있다는 사실을 알고 있다. 그리고 우리가 살고 있는 작은 행성이 태양계에서 가장 큰 것이 아니며, 우리 태양계는 은하계의 중심부에 있는 것이 아니라 은하소용돌이의 초라한 외곽에 위치해 있다는 사실도 알고 있다. 또 우리 우주는 무한히 많은 수의 은하들로 구성되어 있다는 사실도 알고 있다.

지오다노 브루노가 말했던 것처럼 우주에는 우리 지구와 같이 생명이 살고 있는 행성들이 무한히 많다. 이 말을 했다고 해서 그는 교황청으로부터 사형선고를 받고 산 채로 불에 태워졌다.

우리는 구름 위를 조사해 보았지만(사람들은 비행기를 타고 매일 구름 위로 가고 있다), 아직까지 흰수염을 날리며 구름 속에 앉아 있는 하느님을 아무데서도 발견하지 못했다.

우리는 구름 위를 훨씬 넘어 달까지 가보았지만 여전히 흰수염달린 하느님을 찾을 수가 없었다.

그리고 오늘날에는 심우주망원경(deep-space telescopes)으로 우주의 아주 먼 부분까지 볼 수 있게 되었지만, 흰수염의 하느님은 여전히 아무데서도 보이지 않는다.

생물학과 함께 우주탐사는 수많은 전쟁과 고문과 범죄에 대한 책임이 있는 위험한 믿음인 신의 신화를 깨뜨리는 데 도움을 주고 있다.

엘로힘에 의해 주어진 새로운 개념, 즉 「무한(Infinity)」의 개념이 점차적으로 드러나고 있다.

우리 우주는 무한하므로 중심이 있을 수 없다. 그렇지 않다면 우주는 무한하지 않다.

어느 방향을 보든 우주는 영원히 계속된다.

우주의 무한성은 무한소에서도 무한대에서도 계속된다.

이것은 시간의 무한성에도 동일하게 적용된다. 우리는 그것을 「영원(eternity)」이라고 부른다.

우주에 있는 모든 것은 물질 또는 에너지의 형태로 언제나 존재해 왔고, 또 앞으로도 언제나 존재할 것이다. 「무(nothing)」로부터 오는 것은 아무 것도 없다. 모든 것은 어떤 것으로부터 온다.

무로부터 우주를 창조했다는 초자연적인 신에 대한 믿음은 완전히 어리석다. 이런 믿음이 어린이들의 지성 발달에 해롭다는 것은 말할 나위도 없다. 무(無)로써 무언가를 만드는 것은 가능하지 않다. 모든 것은 어떤 것으로 이루어져 있다.

초기의 과학자들조차도 그들이 살던 시대의 믿음에 영향받았다.

예를 들면 그들은 더 이상 쪼개질 수 없는 기본입자들이 우리 주위의 모든 것들을 구성하고 있다고 믿었다. 그들은 그것을 원자(atom)라고 불렀는데, 이 단어는 그리스어의 atomos에서 나온 것으로서 '나눌 수 없다' 라는 의미이다. 그 이후 우리는 원자도 더 작은 입자들로 쪼개질 수 있다는 것을 발견했다. 그리고 그것들은 더욱 더 작은 입자들로 구성되어 있으며 이렇게 영원히 계속되는 것이다.

물론 오늘날의 과학자라 할지라도 여전히 그런 원시적인 종교적 믿음에 집착하고 구속되어 있는 사람이라면 「원자」에 대해 범했던 것과 똑같은 실수를 계속해서 반복할 것이라고 예측하기란 매우 쉽다. 그들은 더 작은 입자를 발견할 때마다 그것보다 더 작은 입자는 있을 수 없다고 생각한다.

이와 같은 방식으로 그들은 새로운 관측장비로 더 멀리 볼 수 있게 될 때마다 우주의 「크기」에 대한 그들의 믿음을 계속 수정한다.

그러나 논리는 매우 단순하다. 모든 것은 어떤 것으로 이루어져 있다. 무로 이루어진 것은 아무 것도 없다. 만약 어떤 것이 무로 이루어져 있다면 그것은 존재하지 않는 것이다.

이것보다 더 확실한 것은 없다.

따라서 우리가 더 작은 입자를 발견할 때마다 이미 우리는 그것이 보다 더 작은 어떤 것들로 이루어져 있다는 것을 알게 된다. 만약 그렇지 않다면 그것은 존재하지 않는 것이 되고, 그러면 우리도 존재하지 않는다. 그것은 다만 현재 수준의 과학으로는 관측할 수 없는 어떤 더 작은 것으로 이루어져 있는 것이다. 전자(電子)는 원자가 발견되기 전부터 존재하고 있었지만, 단지 당시의 과학자들이 그것을 관측할 수 없었을 따름이다!

이것은 최근 심우주망원경이 밝혀낸 아주 먼 곳의 은하들에 있어서도 마찬가지이다. 그것들은 항상 그곳에 있었지만 우리가 이제까지 볼 수 없었을 따름이다.

이 단순한 원리는 무한히 큰 것에 대해서도 그대로 적용된다. 우리 태양계는 은하계의 일부이며 은하계는 우주의 일부이다. 그리고 이 우주는 무(無) 속에 존재할 수가 없다. 이것은 무한히 많은 우주들 중의 하나이다. 이 우주들이 모여 어떤 더 큰 것을 이루고 있으며, 그리고 더 큰 그 존재는 그것보다 더욱 더 큰 어떤 것의 일부가 되고 이렇게 무한히 계속된다.

이것 외의 어떤 이론도 비논리적이다. 모든 것은 어떤 것으로 이루어져 있지 않으면 안된다. 어떤 것이 무로 이루어진다는 것은 불가능하다. 만약 어떤 것이 무로 이루어져 있다면, 그것이 존재할 곳은 아무 데도 없다. 따라서 그것은 존재하지 않는 것이다. 어떤 것이 존재하기 위해서는 어떤 곳에 있지 않으면 안된다.

지구상에 살고 있는 60억의 사람들의 모든 행동을 지켜보는 흰수염달린 하느님이 존재하는 장소는 아무 데도 없다. 더구나 이 무한의 우주 속에는 우리와 같은 사람들이 살고 있는 다른 행성들이 무한히 있다. 그러므로 무한우주 속의 모든 것을 창조했다고 하는 이 하느님은 무한히 많은 행성들에 살고 있는 무한히 많은 사람들의 무한히 많은 행동들을 지켜볼 수 있어야 하며, 또한 그들로부터 오는 무한히 많은 기도들을 들을 수 있어야만 한다. 이 하느님은 얼마나 대단한 기억력과 또 이 모든 것에 집중할 수 있는 능력을 지녀야만 하겠는가!

　나아가 우주는 무한하기 때문에 중심을 가질 수가 없다. 무한한 우주는 중심이 있을 수 없다. 그렇지 않다면 우주는 무한하지 않은 것이 된다. 그런 무한우주 속의 어느 곳에 하느님이 있을 수 있는가? 그 곳은 무한우주의 맨 가장자리나 중심이 될 수는 없다. 왜냐하면 무한우주 속에는 그런 장소가 존재하지 않기 때문이다.

　어떤 사람들은 '하느님은 모든 곳에 존재한다'라고 말할지도 모른다. 그러나 무한우주 속에는 모든 곳이란 너무나 많다! 더욱 더 작은 입자들로 구성된 무한히 많은 무한소의 입자들 속에 모두 존재하며, 동시에 무한히 큰 우주들의 무한히 많은 은하들 속에 모두 존재하면서, 다른 인간들이 살고 있는 무한히 많은 행성들로부터 오는 무한히 많은 기도들과 함께 지구에 살고 있는 60 억의 사람들로부터 오는 모든 기도들을 한꺼번에 듣는다는 것은 비록 초자연적인 능력을 가졌다 할지라도 그 어떤 신에게 있어서도 완전히 불가능한 일이다!

　사실 어떤 것이 모든 곳에 있다는 것은 그것이 아무 데도 있지 않다는 것이다. 그리고 그런 하느님이 어떤 특정한 장소에 개입하기를 원하는 경우, 그는 그 밖의 다른 곳에는 개입할 수가 없게 된다. 왜냐하면 무한히 많은 곳에서부터 오는 무한히 많은 기도를 들으면서 동시에 두 가지 일을 하기란 너무 어렵기 때문이다. 이제 여러분은 이 상황을 머리 속에 그릴 수 있을 것이다.

진실은 훨씬 더 단순하다. 신(神)은 없다.

그렇다면 신인류는 아무 종교도 갖지 않을 것인가?

엘로힘은 종교를 갖고 있으며, 그들은 우리에게도 같은 종교를 권하고 있다. 그들의 종교는 과학이다. 그리고 또한 과학은 이미 우리의 종교가 되고 있다.

그러나 우리는 종교와 정신성의 의미를 분명히 정의하지 않으면 안된다.

인간에게는 신이 아니라 정신성이 필요하다.

불교는 무신론적 종교이다. 불교에는 신이 없다. 불교는 기본적으로 개인의 성취와 모든 것과의 연결을 느끼는 종교이다.

미래의 종교는 이런 종류의 성신성(spirituality)이 될 것이다.

미래의 종교는 신이 없는 종교일 것이며, 그곳에서 사람들은 무한소와 무한대의 우주, 그리고 영원이라고 불리는 무한한 시간과의 연결을 느낄 것이다.

엘로힘은 그들의 종교를 우리에게 주었는데, 이것은 우리가 2만 5천년 앞선 그들의 정신성으로부터 혜택을 받을 수 있는 놀라운 선물이다.

엘로힘의 과학은 너무나 앞서 있기 때문에 우리가 그것을 아주 조금 이해하기에도 너무나 신비스럽다.

그러나 우리가 명상 속에서 무한과 연결되면 우리는 그들과 정신적으로 동등하게 된다.

무한은 하나이다. 우리가 구석기 시대의 원시인이든 과학이 뛰어난 엘로하이든 무한과 조화하고 있을 때는 동일한 수준에서 하나가 된다. 우리는 전체의 일부로서 전체에 연결되어 있고 그리고 전체를 느끼고 있다. 이것이 바로 종교의 원래 의미이다. 종교(religion)라는 단어는 라틴어의 religere 에서 나왔으며, 이것은 「연결된다」라는 의미이다.

종교적으로 된다는 것은 우리를 구성하고 있는 무한히 작은 입자들, 우리 몸 속의 모든 세포들, 지구상에 있는 모든 생명체들, 야채와 동물들, 인류의 모든 형제자매들, 무한히 큰 우주 속에 살고 있는 모든 다른 존재들, 모든 별들과 은하들, 우리가 은하라고 부르는 수많은 입자들로 구성된 무한히 큰 존재들, 이제까지 존재해 왔고 또 앞으로 존재하게 될 모든 사람들, 즉 모든 것들과의 연결을 느끼는 것이다.

신인류에게 필수적인 것은 바로 이 물질적 정신성이다.

하나의 문명이 과학적으로 진보할수록 더욱 더 정신성이 필요하게 된다.

그렇다고 해서 신들과 미신들로 가득찬 원시적인 정신성이 필요하지는 않다. 필요한 것은 마음과 물질이 동일함을 이해할 수 있는 정신성이다.

티벳의 「사자의 서」에 기록되어 있는 것처럼 "마음과 물질은 영원히 하나"이다.

행복과 자기완성은 주변의 물건이나 호화가구 또는 신제품으로부터 오는 것이 아니다. 영원한 생명조차도 당신을 반드시 행복하게 만들 것이라고는 할 수 없다. 그리고 다른 사람들과 우주로부터 단절된 상태로 불행하게 영원히 사는 것보다 더 절망적인 것은 없을 것이다.

과학의 힘에 의해 영원한 생명을 얻고 또 그것을 영원히 즐길 수 있는 특권의 의미를 진정으로 이해할 수 있는 것은 바로 모든 것과 연결되어 있음을 깨닫는 정신성을 통해서이다.

이것이 미래의 종교이다. 이 종교는 이제 막 태어났지만, 점점 더 많은 사람들이 그들의 중세기적 신앙을 버리고 이 종교로 개종하고 있다.

이 종교는 생물학, 유전학, 생태학, 천문학, 그리고 특히 신경학에서의 발견들에 기초한 다양한 자기개발을 추구한다.

카톨릭교회나 다른 낡은 종교들은 새로운 과학적 발견들이 자기네들을 약화시킬까 두려워하여 그런 발견들과 싸우는 반면, 이 종교는 모든 새로운 과학적 발견들을 미리 예측하고 그것들을 흡수함으로써 힘을 얻어나간다.

이 낡은 종교들은 지구가 평평하고 우주의 중심에 있다거나, 지성은 뱃속에 들어 있다거나, 악마를 두려워하고 구름 위에 살고 있는 흰수염이 달린 하느님을 숭배해야 한다고 생각했던 옛날에 만들어진 것으로서, 더 이상 현대인들에게는 맞지 않다.

성서와 사제들에 대한 의심없는 믿음을 강요함과 함께 사람들에게 과학을 금지하여 그들을 어리석은 상태로 둘 수 있었을 때에는 이런 동화같은 이야기로 사람들을 속일 수 있었고 또 그것을 그들의 종교로 받아들이도록 만들 수 있었다. 그들은 설명할 수 없는 것에 대해서는 대개 신성한 「신비(mysteries)」라고 둘러댔다. 그렇게 하면 더 이상 설명할 필요가 없기 때문이다.

그러나 오늘날에는 과학을 통해 모든 것을 이해할 수 있게 되었으며, 과거 종교들이 저질렀던 모든 범죄와 거짓말들이 명백하게 드러났다. 이제 우리는 더 이상 그런 바보같은 대답에 속지 않아도 된다.

그리하여 우리는 문득 낡은 종교들이 과거 훌륭한 과학자들에게 범죄적으로 대응했다는 사실을 깨닫게 되었다. 지오다노 브루노, 갈릴레오 등의 과학자들은 종교권력이 사람들을 노예로 삼기 위해 이용했던 원시적 신앙의 진창으로부터 사람들을 끄집어내기 위해 노력했지만, 브루노는 목숨을 빼앗겨야만 했다.

오늘날에는 다섯 살 난 어린이라도 중세시대의 신학자들과 「진실한 사람들」이 절대적 진리라고 생각했던 것을 그대로 받아들이지 않는다. 다행스럽게도 아이들은 일요일날 미사에 가는 대신 모두 컴퓨터와 놀고 있기 때문이다.

전자민주주의를 위하여

　오늘날과 같이 전자메일(e-mail)이 보편화되어 있는 전자시대에 사람들을 투표소에 불러 종이와 펀치카드로 투표하게 하는 제도를 계속 유지하는 것은 정말 우스운 일이다.

　모든 투표는 이제 인터넷을 통해 실행할 수가 있다. 인터넷은 민주주의에 혁명을 일으킬 수 있다. 이제까지는 사람들이 상원의원들과 하원의원들을 뽑으면 그들이 법률을 만들었다. 그리고 미국대통령은 선거인단에 의해 선출되는데 이 선거인단은 주민투표로 결정된다. 그러나 이제 인터넷 덕분에 이러한 의원들과 선거인단을 생략한 직접민주주의를 구상할 수 있게 되었다.

　사람들이 웹페이지에 들어가면 거기에는 개정이나 수정이 필요한 오래된 법률들 및 승인이 필요한 새로운 법률들에 관한 최신정보들이 수록되어 있다. 웹페이지는 이런 법률들에 대한 각 당의 입장을 포함시킬 수 있고, 또 해당분야 전문가들의 조언사이트로 가는 링크를 만들 수도 있다. 그리고 모든 시민들이 인터넷을 통해 직접 투표할 수 있게 한다.

정부는 국민들이 내린 결정을 수용하고 시행할 준비를 해야 할 것이다.

이것은 기술적으로 가능한 진정한 직접민주주의이다.

이런 방법은 부정행위에 노출될 것이라고 주장하는 사람들은 현행의 종이투표에서 자행되고 있는 부정행위들을 생각해볼 필요가 있다. 현재의 투표제도에서는 부정행위의 발생률이 매우 높다.

이와는 반대로 전자인증기술이 발전함에 따라 전자민주주의를 실현하게 되면 선거부정이 대폭적으로 감소할 것이다.

인증보안기술의 신뢰도는 거대한 전자상거래 시장에 힘입어 거의 완벽한 수준까지 발전할 것이다. 수십억 달러에 달하는 전자상거래 시장은 이와 같은 보안기술의 발전을 위한 최상의 동력이 될 것이다.

현재 인터넷에서 행해지고 있는 신용카드에 의한 거래는 대개 암호화되어 있으며, 암호화 기술도 여러가지가 있다. 그러나 이것보다 훨씬 더 좋은 방법이 있다. 디지털 지문판독기를 사용하면 사람들이 투표할 때 스캐너 위에 엄지손가락을 올려놓기만 하면 된다. 그리고 컴퓨터에는 비디오카메라를 장착하고 매 투표인마다 번호를 매기면 한 사람이 한 번 밖에 투표하지 못하도록 만들 수 있다.

어떤 나라들에서는 투표참가율이 우스울 정도로 저조하다. 어떤 때는 30%도 안된다. 이 경우 투표한 30%가 모두 법안에 찬성했다 하더라도 투표에 참가하지 않은 70%가 반대자들이라고 한다면, 30%의 소수가 법안을 통과시켰다는 의미가 된다. 다른 말로 표현하자면 투표의 결과는 반드시 다수의 의견을 반영하는 것이 아니라는 것이다. "투표하지 않았던 다수가 투표했더라면"하고 말해봤자 결과를 바꿀 수는 없다.

그러나 인터넷을 통한 직접투표를 실시하게 되면 투표율은 틀림없이 급격히 상승할 것이다. 특히 논의되고 있는 주제가 사람들의 흥미를 끄는 것일 경우에는 더욱 그럴 것이다. 이것은 진정한 민주주의를 가능하게 만들고, 사람들은 그 혜택을 누릴 수 있을 것이다.

CLONAID.COM 에 관한 진실

약 3 년 전 복제양 돌리가 태어났다.

대부분의 사람들이 적어도 수십년 내로는 불가능할 것이라고 생각했던 일, 비관론자들의 경우 다음 세기 안에는 불가능할 것이라고 생각했던 일이 드디어 이루어진 것이다.

이것은 밤새 일어난 혁명이었다. 전문가들은 갑자기 양과 같은 포유류를 복제할 수 있다면 인간을 복제하지 못할 이유도 없다는 사실을 깨닫게 되었다. 그리고 이것은 지난 27년 동안 내가 예언해 왔던 일이다.

이 역사적 사건이 있은 직후 교황은 자신이 복제에 반대한다고 선언하지 않으면 안되겠다고 생각했던 모양이지만, 그는 그렇게 말하는 것이 곧 그리스도의 부활에도 반대하는 것이 된다는 사실을 알지 못했다. 왜냐하면 엘로힘은 복제를 이용하여 예수를 부활시켰기 때

문이다.(우주인의 메시지 참조)

그리하여 나는 즉시 최초의 복제인간을 만드는 것을 목적으로 하는 회사를 설립하기로 결정했다.

나는 이 프로젝트가 사람들에게 진지하게 받아들여지도록 하기 위해 바하마에 있는 베일리언트 벤쳐스라는 회사를 매입했는데, 이 회사는 서류상으로만 존재하는 회사로서 이런 회사의 매매를 전문으로 하는 샌프란시스코의 어느 기업으로부터 불과 몇 달러에 사들였다.

미디어에서 떠들고 있는 것과는 달리 나는 애초부터 바하마에서 인간복제를 시도할 의도는 전혀 없었다. 단지 인간복제는 내가 지난 27년 동안 예언해왔던 일이며 또 그것은 좋은 일이라는 사실을 이 세상에 상기시켜주고 싶었을 뿐이었다. 또한 나는 인터넷 사이트 clonaid.com 을 개설하여 과학자들과 투자자들 및 잠재적인 고객들을 함께 모음으로써 실제적으로 인간복제의 목적을 성취할 수 있는 팀을 창설하는 데 공헌하기를 원했다.

기록에 남겨두기 위해 언급하는 것이지만, 프랑스 국영 TV 소속의 어떤 악의적인(그들이 항상 그랬던 것처럼) 기자들은 우리의 실험실들이 실제로 바하마에 있을 것이라고 믿고서는 바하마 정부와 접촉했다. 커다란 소동에 질린 나머지 바하마 정부는 그 회사의 등록을 말소시켜 버렸다. 물론 그 회사는 주소밖에 없는 회사였기 때문에 그런 조치로 인해 우리가 영향받은 것은 전혀 없다.

투자자들은 바하마 정부가 얼마나 간단히 한 회사의 등록을 말소시킬 수 있는지 알아둘 필요가 있다. 그 회사의 목적은 단순히 「유전자 연구」였고 실제로 연구다운 연구는 하고 있지도 않았을 뿐만 아니라, 자기 나라에서는 활동조차 하지 않는 회사인데도 기자들의 몇 마디 헛소리에 그냥 회사를 없애버린 것이다. 이것은 외국의 회사들을 유치하려고 노력하는 한 섬나라의 흥미로운 행동양식이지만, 이 사건은 우리에게 그들의 법이 어떤지 또 그들에게 얼마나 법이 없는지 웅변으로 말해주고 있다.

Clonaid.com은 완벽하게 기능했다. 무엇보다도 미화 3,000달러라는 최소한의 비용으로써, 우리는 1,500만 달러 이상의 가치가 있는 미디어의 보도를 이끌어냈던 것이다. 아직까지 나는 웃음을 멈출 수가 없다. 비록 이 프로젝트가 거기서 끝났더라도, 그것은 우리로서는 완벽한 성공이었을 것이다.

그러나 일은 거기서 멈추지 않았다. 더욱 흥미로운 일이지만 불과 몇 달만에 250명의 진지한 잠재적 고객들의 신청이 접수되었다. 다시 말하면 250명이 인간복제를 위하여 20만 달러의 비용을 지불할 준비가 되어 있다는 것이다.

이들의 대부분인 약 80%는 다른 모든 방법으로도 아기를 가질 수 없었던 불임부부들이었다. 그리고 약 15%는 동성애 커플들이었으며, 나머지는 독신자들이었다.

또한 수많은 과학자들도 우리에게 연락해 왔는데 그들은 직업이나 정부의 보조금을 잃을까봐 이름을 공개하지 말아줄 것을 요구하면서, 공개적으로 발표할 수는 없지만 개인적으로는 우리를 지지한다고 말했다.

당시 이미 가이드(라엘리안 사제)였던 브리짓트 봐셀리에는 처음부터 계속 클로나이드 프로젝트를 책임지고 운영해오고 있었다. 라엘리안 무브먼트의 회원이라는 이유로 차별을 받아왔던 프랑스를 피해 미국으로 망명한 그녀로서는 더 이상 잃을 것이 아무 것도 없었다. 그녀는 프랑스의 대기업인 에어리퀴드사로부터 해고당하고 어린 아기의 양육권까지 빼앗겼는데, 그것은 단지 그녀가 라엘리안이라는 이유 때문이었다.

우리가 찾는 사람은 인간복제를 위한 실험실을 설립하고 성공을 거둘 때까지 운영하는데 필요한 자금을 대줄 투자자였다.

나는 최초의 복제는 자금을 가장 많이 대는 사람에게 해주려고 마음먹고 있었다. 첫 성공을 거두고 나면 그 다음부터는 훨씬 더 저렴한 비용으로 보통 사람들도 복제서비스를 받을 수 있게 될 것이기 때문이다.

이것은 모든 일에서 항상 그래왔던 방식이다. 부자들이 언제나 새로운 것의 혜택을 제일 먼저 누린다. 그러나 그들이 지불한 높은 가격 덕분에 보통 사람들은 보다 싼 가격으로 그 새로운 발견들을 이용할 수 있게 된다. 처음에는 백만장자들만이 자동차를 구입할 수가 있었지만 오늘날에는 모든 사람들이 자동차를 갖고 있다. 이것은 TV, 컴퓨터, 세탁기, 기타 모든 상품들에 있어서도 마찬가지였다.

나는 또 최초의 고객은 대중의 여론을 휘어잡을 수 있는 이상적인 경우이기를 바랐다. 사고로 죽은 어린 아기라면 이상적일 것이다.

2000년 여름, 미국의 어느 가족이 브리짓트에게 연락해서 미국의 병원에서 의료과실로 사망한 그들의 10개월 난 아기를 복제해줄 것을 요청했다.

부모는 자금이 충분했으며, 클로나이드에 모든 경비를 댈 준비가 되어 있었다.

마침내 이상적인 경우가 나타난 것이다.

나는 즉시 브리짓트에게 이 계획의 모든 사항을 위임했다.

나의 역할은 끝났다. 나는 투자자들과 과학자들을 함께 묶는 상황을 만들어내는 데 성공했으며, 동시에 클로나이드를 미디어의 관심선상에 올리고 또 복제논쟁의 한가운데에 놓을 수가 있었던 것이다.

이런 목적을 달성할 가능성은 매우 낮았기 때문에, 처음에는 성공하리라고는 기대도 하지 않았다. 그래서 미디어가 보도해 주는 것이 그저 고마울 따름이었다. 그런데 갑자기 모든 조건이 맞아들기 시작하더니 정말로 인간복제 실험실이 탄생되었다! 얼마나 놀라운 일인가!

그런 뒤 나는 라엘리안 무브먼트의 정신적 지도자로서의 조타석에 복귀했으며, 더 이상 클로나이드 프로젝트의 책임을 맡지 않고 있다.

그렇지만 클로나이드는 앞으로 나아가고 있다!

이미 수십 군데의 실험실들이 비밀리에 복제작업에 들어갔을 가능성이 있기 때문에, 클로나이드가 최초로 인간을 복제해낼 수 있을지는 알 수가 없다. 그러나 클로나이드도 최소한 이 레이스 참가자들 중 하나이다.

나는 브리짓트 봐셀리에 박사팀에 의해 복제될 어린 사내아이의 아버지를 만나보았다. 그는 매우 특별한 사람이었으며, 나에게 이렇게 말했다. "나는 복제될 아이가 반드시 본래 아이와 꼭 일치하지 않으리라는 것을 잘 알고 있습니다. 그러나 나는 그 아이의 유전자코드가 자신을 표현할 수 있는 두 번째의 기회를 주고 싶습니다." 그의 말은 너무나 옳다. 그리고 칭찬할 만 하다.

그의 태도는 이기적인 것이 아니다. 왜냐하면 그는 자신의 아들을 위해 클로나이드에 자금을 댐으로써 이 기술의 완성을 돕는 것이 되고, 그러면 또 앞으로 그와 같은 처지에 놓인 다른 가족들이 이 기술의 혜택을 받을 수 있을 것이기 때문이다.

"이 가족이 아이를 하나 더 낳는 편이 더 좋지 않겠는가" 라는 주장도 여기에는 해당되지 않는다. 왜냐하면 그들은 바로 그렇게 할 것이기 때문이다. 아이의 어머니는 이미 두 번째 아기를 임신하고 있다. 그러나 그녀 또한 첫 번째 아기의 유전자코드가 자신을 표현할 두 번째의 기회를 가질 수 있기를 원하고 있다.

이것은 우리 모두에게 좋은 모범이 된다. 그들은 자신의 이기심을 위해 행동하고 있는 것이 아니라 삶의 기회를 빼앗긴 아이를 위해 그렇게 하고 있다. 그리고 죽은 아이 대신 다른 아이를 얻으려는 것이 아니라, 죽은 아이에게 사랑의 선물을 주려는 것이다.

이 가족은 아이의 죽음에 책임이 있는 병원을 제소하고 있는데, 그들이 배상금을 받으면 아이를 복제하는 비용으로 그 대부분을 낼 생각이다. 따라서 아이를 죽인 병원이 그 아이의 생명을 되살리는 비용을 대는 셈이 된다. 이것은 완벽하다!

비록 내가 클로나이드의 설립자로서 그 정신적 창시자로 간주되는 것을 피할 수는 없다고 하더라도, 금후 나는 더 이상 클로나이드 프로젝트의 책임을 맡지 않을 것이다. 그러나 물론 필요한 경우 나는 클로나이드의 윤리적, 철학적 및 종교적 대변인이 될 준비가 되어 있다. 여전히 과거에 머리를 파묻고 있는 사회 주류의 방향을 실제로는 아무도 좋아하지 않는다. 내일을 향한 길을 열어갈 수 있는 미래지향적인 움직임이 존재한다는 사실을 사람들에게 알리는 것은 매우 중요한 일이다.

나는 또한 이 프로젝트에 필요한 50명의 대리모들을 「제공」함으로써 클로나이드에 대한 지원을 계속해 나갈 것이다. 내가 이를 위해 한 일이라고는 단지 55,000명의 회원들에게 "이 역사적 사건의 일원이 되기를 신청할 사람은 없는가”라고 물어본 것 뿐이다.

세계 모든 민족으로부터 100명의 라엘리안 여성들이 여기에 응답하여 대리모 중 한 사람이 되고 싶다는 열망을 나타냈다. 그들 중에서 모든 요건을 충족시키는 50명이 선발되었으며, 우리는 그 중 5명을 지난 2000년 9월의 기자회견석상에서 세상에 공개한 바 있다.

당신이 이 책을 읽고 있을 즈음이면 클로나이드의 실험실은 미국 어딘가에 이미 설립되어 있을 것이다. 왜 미국인가? 왜냐하면 미국에서는 인간복제가 불법이 아니기 때문이다. 그리고 만약 인간복제를 금지하는 법률이 미국에서 만들어진다면, 그 아이의 부모는 그 법률을 최고재판소에 제소할 준비가 되어 있다. 이 소송에는 미국에서 가장 우수한 변호사들이 고용될 것이며, 과거 시험관 아기의 소송에서 그랬던 것처럼 “각 개인은 아기를 갖는 방법을 선택할 권리가 있다”라는 원칙을 재판관들에게 상기시킴으로써 그 소송에서 분명히 이길 것이다.

이것이야말로 개인의 자유를 진정으로 보장해주는 나라 미국에서 사는 혜택이다.

모든 일이 잘 돌아간다면, 2001년 말 또는 늦어도 2002년 초에는 세계의 모든 TV 스크린들이 인간복제로 태어난 최초의 아기가 정말로 행복하게 웃으며 가족의 품에 안겨 있는 장면을 비추게 될 것이다. 최초의 시험관 아기 루이즈 브라운의 모습을 보고 사람들이 두려워하고 있던 프랑켄슈타인 괴물의 망령을 떨쳐버렸던 것처럼, 그

장면을 보게 되면 대중의 여론은 단번에 복제찬성 쪽으로 돌아설 것이다.

어느 누구도 아기의 웃는 얼굴에는 이길 수가 없다. 특히 이번에 태어날 아기에 대해서는 더욱 그럴 것이다. 나는 그 아기의 사진을 본 적이 있는데 아기의 웃는 얼굴이 너무나 아름다웠다. 그가 다시 살아나면 복제에 가장 강경하게 반대하는 사람들조차도 가슴이 녹아 내리지 않고는 못 배길 것이다.

우리가 10개월 난 이 귀여운 미국 사내아이를 다시 되살리기로 결정한 사실을 발표하자 잠재적 고객의 수는 수백명선으로부터 수천명선으로 뛰어올랐다. 사고로 아이를 잃은 가족, 또는 질병으로 죽었거나 곧 죽을 운명에 놓인 아이들의 가족 등 수천에 달하는 가족들이 클로나이드를 찾고 있다. 그러한 문의전화가 너무나 많이 걸려오기 때문에 클로나이드가 그들 모두에게 다 대답해줄 수가 없는 형편이다. 그래서 우리는 이러한 모든 문의전화들을 받기 위해 항구(恒久)적인 전용 핫라인을 설치하지 않으면 안되었다.

최초에 이 클로나이드 프로젝트는 두 가지 서비스를 제공힐 계획이었다. 하나는 「클로나페트(Clonapet)」로서 애완동물이나 가축의 복제를 제공하는 서비스이며, 다른 하나는 「인슈라클론(Insura-clone)」으로서 사고 또는 불치의 병으로 사망할 경우 미래에 복제가 가능할 수 있도록 어린아이들이나 성인들의 세포샘플을 가장 이상적이며 안전한 방법으로 보존해주는 서비스이다. 유전적 질병 등을 치료할 수 있는 방법이 발견되었을 때 다시 복제할 수 있도록 아이들의 세포를 완벽한 상태로 보존해 두기를 원하는 부모들이 이 「인슈라클론」 서비스를 점점 더 많이 찾고 있다.

생물로봇

(Biological Robots)

인류를 노동에서 해방할 로봇화가 전세계적으로 진행되고 있다. 이것은 아직 시작에 불과하다. 머지않아 인간의 노동은 완전히 사라질 것이다.

우리의 조상들은 하루 12 시간씩, 일주일에 7 일, 일년 365 일 내내 노동했다.

프랑스와 같은 나라들에서는 최근 주 35 시간 근무 및 연 6 주의 유급휴가제를 도입했다.

이것은 시작일 따름이다.

노동시간은 단계적으로 감소하여 언젠가는 완전히 사라질 것이다.

그러나 이것은 사람들이 아무 것도 하지 않게 된다는 것을 의미하지는 않는다.   노동대신 예술, 음악, 발명, 명상, 스포츠 등등 자기

가 좋아하는 일을 할 수 있게 될 것이다. 사실 사람들은 컴퓨터가
하지 않는 모든 일을 할 수 있을 것이다.

내가 "컴퓨터가 할 수 없는" 것이라고 말하는 대신 "컴퓨터가 하
지 않는" 것이라고 말한 데 대해 주목할 필요가 있다. 사실 미래의
컴퓨터는 인간이 할 수 있는 일을 모두 다 할 수 있게 될 뿐만 아니라
훨씬 더 잘 할 수 있을 것이다.

우리는 우리 자신이 하고 싶은 일과 컴퓨터에게 시킬 일을 결정하
게 될 것이다. 왜냐하면 컴퓨터는 우리의 창조물들이므로, 우리는
컴퓨터의 창조자로서 그것들이 우리에게 봉사하도록 디자인할 것이
기 때문이다.

우리는 물론 로봇들이 창조하고, 명상하고, 발명하고, 예술이나
스포츠에 뛰어난 능력을 나타내도록 디자인할 수도 있겠지만, 그러
나 이러한 것들은 즐거움을 주는 일이기 때문에 인간만이 계속 그것
을 즐길 특권을 누리게 될 것이다.

이것이 핵심이다. 인간은 기쁨을 느끼도록 만들어져 있다. 따라
서 우리는 공장의 조립라인에서 하는 노동, 사무실에서 처리하는 행
정적인 업무 등 즐겁지 않은 모든 일들은 컴퓨터와 로봇에게 맡기면
된다. 그리고는 우리가 즐길 수 있는 일들은 생계를 위해 돈을 벌기
위해서가 아니라 순수한 기쁨을 얻기 위해 계속하게 될 것이다.

미래의 로봇은 오늘날 우리가 생각하고 있는 로봇과는 완전히 다
를 것이다. R2D2 등의 이름을 붙인 금속상자들은 별로 매력적인 것

이 못된다.

앞으로 생물학과 로봇공학의 결합으로 생물로봇을 창조할 수 있게 될 것이다.

통조림 캔처럼 생긴 금속로봇이 집안을 돌아다니며 청소하고 있는 것을 보는 것보다, 아름답고 완벽한 몸매를 지닌 젊은 여성이나 조각상처럼 균형잡힌 체격의 남성이 같은 일을 하고 있는 것을 보는 편이 훨씬 더 좋을 것이라는 데는 분명히 누구나 동의할 것이다.

생물로봇은 금속 대신 살아있는 세포로써 만들어질 것이다.

오늘날 점점 더 많은 컴퓨터들이 생물학과 전자부품을 결합시킨 기술을 사용하고 있다.

실제로 물고기의 뇌를 이용하여 조절되는 작은 로봇들이 발명된 바 있다.

이와 같이 현재 진행되고 있는 생물학과 컴퓨터공학의 결합은 생물로봇의 창조를 위한 올바른 방향으로 나아가고 있다. 이 생물로봇들은 인간과 똑같이 보이겠지만 양심, 자기프로그램 능력, 생식능력 등 인간을 인간답게 만드는 기능들은 지니지 않게 될 것이다.

이 생물학적 노예들은 사람들을 위해 가사를 돌보는 일 등 모든 허드렛일들을 해줄 것이다.

실제로 세탁기, 건조기, 식기세척기 등등은 모두 로봇들로서, 이것들은 전자로봇들이다. 즉 전자노예들인 것이다.

여기에 이런 기계들에 생물학적 기술들을 결합시키게 되면, 그것들은 생물로봇이 된다.

초기에는 전자적인 장치를 내장하고 있지만 보기에 좋은 생물학적 외양을 갖춘 로봇을 만드는 것부터 시작할 수 있을 것이다. 그러나 장기적으로 볼 때, 보다 효과적인 것은 우리 자신과 똑같은 몸을 가진 100% 생물학적인 로봇을 만들어 사용하는 것이다.

그러나 생물로봇들은 의식이나 자기프로그램 능력 및 자기복제 능력 등을 갖지 않도록 만들어 질 것이므로, 이러한 신종(新種) 하인들을 창조하는데 있어 윤리적 문제들이 제기되지는 않을 것이다.

현실적으로 세탁기 등과 같은 전자노예들을 사용하는 것에 대해 아무도 윤리적 문제들을 제기하지 않고 있으며, 따라서 생물로봇들도 동일하게 간주되지 않으면 안된다.

인간은 자기프로그램 능력을 지니고 있기 때문에, 우리는 어릴 때 배웠던 것과는 다르게 행동하는 방법을 습득하거나 자신의 진로나 생활방식에 끊임없이 의문을 품고 개선해 나갈 수가 있다.

반면에 생물로봇은 자발적인 개성을 전혀 갖지 않고 있으며, 주어진 임무를 항상 같은 방식으로 수행하도록 프로그램 될 것이다. 그것은 세탁기에서 보는 것과 마찬가지이다.

생물로봇은 복제에 의해 재생산되며 자기생식능력은 전혀 갖지 않을 것이다.

생물로봇은 남성 또는 여성의 외모를 지니겠지만 그것에게는 생식할 능력이 전혀 없다.

그리고 생물로봇은 의식(意識)을 갖지 않거나, 자신에게 주어진 특별한 업무를 수행하는데 필요한 극히 제한된 의식 이상은 갖추지 않도록 만들어질 것이다.

예를 들면 현재의 세탁기가 전혀 정신적인 고통을 느끼지 않는 것처럼 생물로봇들도 그런 고통을 느낄 수가 없을 것이다.

생물로봇이 성기를 갖출 수도 있지만, 그것은 생식기능을 갖지 않는 것으로서 단지 그 소유주의 쾌감을 위해서 만들어진다. 다시 한 번 말하자면 사람처럼 생긴 풍선인형이 그런 것처럼, 생물로봇들도 감정이나 정신적 고통을 느끼도록 만들어질 필요가 전혀 없다.

실제로 오늘날의 금속로봇들에 적용되는 모든 원칙들이 그대로 생물로봇들에게도 적용될 것이다. 생물로봇들은 주인에게 완전히 복종하도록 만들어져야 하며, 인간에게 어떤 위해(危害)도 주지 않도록 설계되어야만 한다.

생물로봇들은 특정 업무들을 수행할 수 있도록 미리 프로그램되어 성인의 모습으로 복제되어 나올 것이기 때문에 그것들의 신뢰성과 안전성은 절대적으로 보장될 것이다.

로봇을 제조할 때 사용자는 원하는 육체적 외형과 수행할 기능들을 선택할 수 있다. 외형의 선택과 프로그램 입력이 끝나면 사용자는 그에게 무제한적으로 봉사할 충실한 생물로봇을 소유하게 되는 것이다. 생물로봇에게 필요한 것이라고는 일반적인 애완동물들이 그런 것처럼 잠잘 장소와 음식물뿐이다.

그러나 바보같은 보수주의자들이 틀림없이 다시 들고 일어나 이 새로운 형태의 「노예제도」를 문제삼으며, 대중의 여론을 생물로봇에 반대하는 쪽으로 호도(糊塗)하여 낡은 금속제 세탁기 버튼을 누르는 시대로 되돌리려고 애쓸 것이다. 이것은 내기를 걸어도 좋다.

그들에게는 이 기계들이 생물학적 재료로 만들어졌다는 사실이 매우 중요한 것이다. 그러나 이 세상에는 마찬가지 생물학적 재료로 만들어진 불쌍한 동물들이 수없이 많다. 말, 소, 당나귀, 물소, 낙타, 기타 수많은 종류의 짐승들이 자신의 의지와는 관계없이 노예로 혹사당하며 무거운 짐을 끌고 있지만, 아무도 이에 대해 항의하지 않는다. 그리고 인간들을 먹여 살리기 위해 매일 수백만 마리의 양, 소, 닭, 돼지, 오리들이 살육되고 있다는 사실도 잊어서는 안된다. 인간의 식욕을 충족시키기 위한 이 모든 노예들은 어찌할 것인가?

생물로봇 반대자들은 그들이 용납할 수 없는 것이 "로봇이 사람을 닮았다는 점이다"라고 말할 것이다. 이것이 문제가 된다면 풍선인형 또한 불법화시켜야만 할 것이다.

그러나 인간복제 문제에서 논의했던 것처럼 가장 좋은 해결책은 생물로봇에 반대하는 사람들은 그것을 안 사면 된다. 그리고 생물로봇을 사기를 원하는 사람들에게는 그렇게 하도록 내버려둠으로써 모든 문제는 평화적으로 해결된다.

마찬가지로 만약 그들이 전자로봇에도 반대한다면 그들은 자유롭게 옛날로 돌아가 그들의 조상들이 그랬던 것처럼 강에서 빨래를 하면 될 것이다.

웃기는 일은 생물로봇에 반대하는 사람들은 수천 명의 인간들이 불과 몇 푼의 급료를 받기 위해 동물이나 노예처럼 매일 그들을 위해 노동하는데 대해서는 전혀 아무런 문제를 느끼지 않는다는 사실이다. 진짜 노예제도는 사람들이 겨우 먹고 사는 데 필요한 돈을 벌기 위해 좋아하지도 않는 일을 억지로 해야만 하는 제도이다. 이것이야말로 오늘날 이 세계에 존재하는 진짜 노예제도이다.

생물로봇들은 인간이 아니기 때문에 인간노예들이 할 일을 대신해서 모두 해야만 한다. 생물로봇들에게 필요한 것이라고는 생명을 유지하며 인간에게 봉사하는데 충분한 에너지를 보충해주는 것 뿐이다. 이것은 마치 손전등이 불을 비추기 위해서는 충분한 전지가 필요한 것과 마찬가지다.

사실 생물로봇의 사용에 찬성한다는 것은 진짜 인간 노예제도에 반대히는 것이다. 인긴 노예제도야말로 우리가 완진히 있애아만 하는 제도이다.

물론 우리 사회는 모든 사람들이 일생동안 안락하게 지낼 수 있도록 충분한 식량과 주거공간 등을 제공해 주어야만 한다. 이 주제에 대해서는 이 책의 다른 장에서 다루게 될 것이다.

트랜스휴머니즘

(인간을 초월한 존재를 향하여)

미국의 새로운 운동들 중에 트랜스휴머니즘(www.transhuman-ism.org 참조)이라는 아주 흥미로운 운동이 있다.

그들은 인간의 미래를 완전히 혁명적인 방식으로 본다. 그들은 과학이 인간의 육체를 점점 변화시켜 결국에는 완전히 변형된 인간, 즉 트랜스휴먼이 될 것이라고 예측한다. 나아가 그들은 가까운 미래에 다가올, 인간 이후의 세계에 대해서도 상상한다. 그 세계에는 오늘날 우리가 알고 있는 인간들은 더 이상 존재하지 않으며, 그 대신 완전히 컴퓨터화된 인간에 의해 창조된 문명이 있을 것이라고 말한다.

예를 들면 그 세계에서는 개인의 기억과 성격을 컴퓨터에 이전시켜 그 속에서 영원히 사는 것이 가능할 것이라고 한다.

당신은 컴퓨터 속에서 완전히 자신의 정체성을 유지한 채 눈을 뜨게 될 것이다. 과거의 모든 기억을 그대로 지니고 있고, 자신의 인격을 이루고 있는 것들도 모두 지니고 있다. 당신은 컴퓨터 네트워크를 통하여 지구 어느 곳이든 다른 컴퓨터 속에 있는 다른 사람들과 교류할 수 있다. 그리고 물론 아직도 생물학적 육체를 지니고 있는 사람들과도 마이크와 카메라를 통해 교류할 수가 있다. 현재의 키보드는 곧 이러한 마이크와 카메라로 대체될 것이다.

이러한 컴퓨터에 카메라, 마이크, 후각 및 미각 탐지기 등의 감각 센서들을 장착하게 되면 마치 생물학적 육체 속에 있는 것처럼 주위의 환경과 교류하는 것이 가능할 것이다.

그리고 이 컴퓨터에 기계적인 수족을 장치하게 되면, 물리적으로 이동하며 주위의 환경과 교류하는 것이 가능해질 것이다.

컴퓨터의 메모리 속에서 「살아 있다」는 것은 곧 당신이 영원한 존재가 되었다는 것을 의미한다. 이것은 인간의 육체는 비록 (현재로서는) 죽을 운명을 지니고 있지만, 성격과 정신은 영원할 수 있다는 사실을 보여주는 것이다.

이것을 끔찍한 전자감옥에서 겪는 가공할 형벌이라고 생각해서는 안된다. 그 반대로 우리는 컴퓨터 안에서 생활하면서 생물학적 육체로 얻을 수 있는 모든 기쁨들을 경험할 수가 있다. 그러면서도 피로, 소화불량, 또는 에이즈 등을 포함한 모든 부정적인 요소들에 대해서는 전혀 염려할 필요도 없다.

우리는 가상체험을 할 수 있는데, 이러한 가상체험은 우리가 원하는 경우에만 가상적인 것으로 느껴진다. 만약 우리가 그 가상체험에 완전히 몰입한다면, 그것은 완벽한 현실로 느껴질 것이다.

예를 들면 자동차경주 시뮬레이션을 즐기거나 가상섹스를 즐기고 있을 때 우리는 그것을 TV 화면을 보고 있는 것처럼 가상체험이라고 의식할 수도 있고 또는 그것을 마치 실제로 일어나고 있는 것처럼 느끼도록 선택할 수도 있는데, 후자의 경우에는 그 가상체험이 우리에게 현실적인 체험이 되는 것이다.

다른 컴퓨터 속에 살고 있는 이성파트너를 만나는 것도 가능하다. 그 파트너와 의미있는 관계를 발전시켜 성적 관계까지 진행시킬 수도 있고, 그와 커플이 되어 가상주택에서 함께 사는 것도 가능할 것이다.

나아가 둘이서 가상아이를 갖기를 원하는 상황까지도 상상할 수 있다. 그 아이는 가상부모로부터 다양한 특성을 물려받아, 「성장」할 수 있을 것이다. 가상부모로부터 배운 정보를 토대로 그 가상아이는 생물학적 인간과 똑같이 자기만의 독특한 성격을 개발시킬 수 있을 것이다.

이러한 컴퓨터 세계의 이점은 식료품의 공급, 주거공간의 건축 및 유지관리, 기초 물질들의 생산과 분배 등 복잡한 생리적 요구가 필요없다는 점이다.

이와 같은 가상세계에서는 모든 사람들이 꿈속에서 그리던 집, 가장 화려한 성(城), 비행기, 자동차, 아주 아름다운 환경 속의 별장,

가장 매력적인 성적 파트너 등등 모든 것을 가질 수가 있다. 필요한 것은 상상하기만 하면 된다. 원하는 가상체험을 제공하도록 컴퓨터에 프로그램하면 즉시 그것을 얻을 수가 있다. 에너지를 생산하기 위한 막대한 비용을 쓰지 않고도, 전혀 오염을 유발시키지 않고도, 또는 많은 사람들이 동일한 것을 동시에 동일한 장소에서 원함으로써 발생할 수 있는 다툼이 없이도 이 모든 것들을 얻을 수가 있는 것이다.

만약 전인류가 이와 같은 컴퓨터 속에 살게 된다면, 이 지구상에는 더 이상 오염이나 폭력 등이 존재하지 않게 될 것이다.

이 경우 우리에게 필요한 것은 극도로 잘 보호된 장소이다. 예를 들면 깊은 지하에 가상인류를 입력한 컴퓨터를 설치할 수 있을 것이다. 그리고 추가적인 안전조치로 지구 곳곳에 설치된 컴퓨터 또는 달이나 다른 행성들에 설치된 컴퓨터들 속에 백업파일을 보관해두면 된다.

이러한 방대한 컴퓨터들에 필요한 에너지의 공급 및 그 유지보수는 생물로봇 또는 나노봇에 맡겨질 수 있고, 이 둘을 결합한 로봇을 이용할 수도 있을 것이다.

나노테크놀로지 및 생물학적 인류에서 컴퓨터 인류로의 변형 덕분에 이 지구는 오염이 전혀없는 자연적인 야생상태로 되돌아갈 수 있을 것이다.

수천 년 동안 생물학적 육체 속에서 정신적 및 육체적 고통을 겪은 후 우리 인류는 마침내 완전한 기쁨 속에서 영원한 삶을 살며, 모든 욕구들이 즉각적으로 충족되는 전자 파라다이스에 도달하게 될 것이다.

그리고 우리가 원할 때는 언제든지 나노봇들에게 자신의 생물학적 육체를 만들게 하고 그 육체 속에 자신을 다운로드시킨 뒤, 재미있는 경험을 하며 몇 번의 삶을 살 수 있을 것이다. 가령 우리는 컴퓨터들을 보살피고 있는 생물로봇들과 나노봇들을 감독하거나, 우주탐사에 나서 아직 의식의 씨앗이 뿌려지지 않은 우주의 다른 곳들에 생명을 창조할 수도 있을 것이다.

우리는 다른 행성에 생물학적 우주비행사들을 파견하여 실험실의 건설을 감독하게 하고 대기를 호흡이 가능한 상태로 바꾼 뒤, 그 행성 위에 스스로 유지될 수 있는 균형잡힌 생태계를 창조하고 나아가 「우리의 모습을 본떠」 생물학적 인간을 창조할 수 있을 것이다. 그리고 그 인간들에게 "가서 번식하라"라고 지시할 수 있을 것이다.

우리가 창조한 이 인간들은 처음에는 우리를 「신」들로 믿을 것이다. 그러나 그들도 스스로 과학을 발전시켜 언젠가는 DNA를 발견하고 컴퓨터를 발명하게 될 것이다. 그리하여 이번에는 그들이 생물학적 껍데기를 벗어나 새로운 가상세계를 창조함으로써 이 모든 순환과정이 다시 되풀이 될 것이다. 그들도 다른 행성들에 진출하여 의식의 씨앗들을 뿌리게 되고, 이와 같은 우주의 의식화 과정은 무한우주 속에서 영원히 계속된다.

생물학적 우주에서의 모험을 끝내고 난 뒤, 우리는 다시 컴퓨터 세계로 돌아갈 수 있을 것이다. 그곳에서 우리는 가상가족과 가상친구들과 함께 낙원과도 같은 가상실존의 모든 기쁨을 다시 즐기며 살 수 있을 것이다.

생물학적 육체로 우주여행을 하는 데는 경비도 많이 들고 시간도 오래 걸리는 등 많은 문제를 안고 있지만, 이런 기술을 이용하면 이 분야에서도 혁명을 일으킬 수 있다.

예를 들면 수많은 태양계의 수많은 행성들에 물리적 기지들을 설치해 두고, 각 기지마다 자신의 복제품들을 배치해 둔다. 이 복제품들에게는 아직 아무런 기억도 성격도 부여하지 않는다. 그런 뒤 우리는 그 기지들로 가기 위해 육체적으로 여행하는 것이 아니라 원격통신을 통해 단지 우리 자신의 기억과 성격만을 그 복제품 속에 다운로드시킨다. 지구로 돌아올 때도 동일한 기술을 사용하면 된다. 이렇게 함으로써 진정한 우리 자신인 우리의 인격만 여행하면 되는 것이다.

이 개념을 더욱 발전시키면 우리가 기고지 히는 목적지에 우리 자신의 생물학적 육체를 만드는 데 필요한 유전자코드를 전송할 수도 있을 것이다. 그러면 그곳에서 복제기술과 고속성장기술을 통해 우리 자신의 새로운 육체가 만들어진다. 육체가 만들어지면 우리의 「영혼」 즉 우리의 우리 자신의 기억과 성격을 그 속에 다운로드시키면 된다. 이것이 바로 텔레포테이션(원격이동)의 개념으로서 이 모든 것은 전파(radio waves)를 통해 이루어질 수 있다.

　나는 엘로힘의 메시지를 다시 읽으면서 그들이 나를 불사의 행성에 데려갈 때, 이 두 가지 기술들을 결합한 어떤 고도의 기술을 사용한 것이 아닌가 하는 생각이 들었다.

　그들의 비행체가 이륙하는 순간, 그 속에 앉아 있던 나는 가속되는 느낌을 전혀 느끼지 못한 대신 강렬한 한기를 느꼈는데, 이것은 바로 텔레포테이션 기술이 사용되었기 때문일 수도 있다. 그러나 그들의 기술을 조금이라도 이해하기에는 내가 너무나 원시적이다.

　내가 항상 궁금하게 생각해 온 일이 또 하나 있다. 엘로힘은 나에게, 그들을 창조한 창조자들의 행성이 우주적 대파국에 의해 멸망한 뒤 자동운행되는 우주스테이션이 그들의 행성에 착륙했을 때 그들도 다른 행성으로부터 온 사람들에 의해 과학적으로 창조되었음을 알게 되었다고 말해 주었다. 그러나 엄청난 수준에 있는 그들의 과학기술을 생각해 볼 때, 그들이 과연 멸망했을까 하는 의문이 생겼다.

　엘로힘의 창조자들이 가상세계에 살면서 그들이 창조한 존재들과 교류하기 위해 자동 우주스테이션을 보내는 것은 쉽게 상상할 수 있는 일이다. 창조된 존재들도 때가 되면 그리고 그들이 그런 미래를 선택한다면, 가상우주에서 그들의 창조자들을 만날 수 있을 것이다. 그러나 물론 이 이야기는 순전한 나의 상상일 뿐이다.

　우리는 이 상상을 현재의 우리 두뇌로 생각할 수 있는 한계까지 더욱 확대시킬 수 있다.

즉 그러한 가상 수준에 도달한 문명 속에 사는 사람들은 그냥 재미삼아 생명체들을 창조할지도 모른다는 상상조차 해볼 수 있다. 그들은 수많은 행성들 위에 인간을 포함한 다양한 생명체들을 창조한 뒤, 그냥 재미있는 경험을 해보기 위해 갖가지 생명형태들 속에 자신들을 다운로드시킬 수도 있을 것이다.

컴퓨터 속에서 영원히 살고 있는 존재들에게는 다양한 환경에 놓여 있는 갖가지 생명체들의 몸 속에서 한 생명체마다 수십년 정도씩 번갈아 살아보는 것도 아이들의 놀이처럼 재미있는 일일 것이다.

그들은 또 많은 행성들 위에서 다양한 발전단계를 보이며 살고 있는 인간들의 삶을 즐길 수도 있을 것이다. 몇 년은 구석기 시대의 인간 속에서, 또 몇 년은 좀 더 발전된 단계의 인간 속에서... 라는 식으로.

또한 그들은 돌고래, 새, 기타 어떤 동물들의 몸 속에도 자신을 다운로드시킬 수 있을 것이다.

「사회게임」을 즐기기 위해 하나의 완전한 문명을 창조하는 것도 상상할 수 있는 일이다. 이 게임의 참가자들은 각각 태어나는 아기를 선택하고 그 몸 속에 들어가「환생」할 수 있을 것인데, 이것은 윤회와 업보에 관한 낡은 신화에 새로운 「과학적」 소명을 던져주는 이야기가 될 수 있다.

이 게임에 참가하는 사람들이 이 모든 과정 동안 자신의 본래 정신을 유지해야 하는 것은 물론이다. 그들은 다운로드되기 전이나 후에도 과거의 갖가지 삶 뿐만 아니라 진정한 자기 자신이 누구인지를 기억할 수 있어야 한다. 그렇지 않다면 이런 게임은 재미가 없을 것이다.

이것은 이 지구상에서 현재 일어나고 있는 것으로 많은 사람들이 믿고 있는 「본래의 자신을 잊어버리는」 윤회라는 것이 실재할 여지를 완전히 없애버리는 이야기이다. 앞에서도 수차 설명했듯이 엘로힘은 오늘날의 지구처럼 폭력과 원시적 환경에 물들어 있는 곳에 내려와 살기 위해 모든 즐거움을 누릴 수 있는 자신들의 이상적인 환경을 떠나기를 원할 만큼 자기학대증이 있는 것이 아니다.

트랜스휴머니스트들은 대부분 여전히 진화론자들이기 때문에, 그들의 상상을 더욱 발전시켜 인간이란 진화의 사슬을 구성하고 있는 하나의 임시 연결고리일 뿐이라고 생각한다. 그들은 인간이 아메바, 물고기, 원숭이들의 후손이며, 인간의 다음 단계로 인간보다 더 우수하고 또 인간을 대체할 수 있는 컴퓨터시스템이 생겨날 것이라고 믿고 있다. 이 경우 인간을 대체한 컴퓨터들은 마치 오늘날의 우리가 공룡들에 대해서 생각하는 것처럼 과거에 살았던 인간이라는 미개한 존재들에 대해 추억할 것이다.

이런 상상에는 두 가지 가능성이 존재한다. 첫 번째는 컴퓨터가 인간은 아니지만 의식을 가진 실체로서 인간으로부터 완전히 독립된 존재라는 시나리오이다. 트랜스휴머니스트들은 이렇게 말한다. "언젠가 모든 슈퍼컴퓨터들의 전면적인 상호연결이 가능해지고 (이것은 이미 시작되고 있다), 나노테크놀로지와 생물로봇들이 슈퍼컴퓨터들을 보조하게 될 때가 올 것이다. 그렇게 되었을 때 이와 같은 슈퍼컴퓨터 네트워크는 인간들을 원시적이고 오염만 일으키며 폭력적인 불안정한 존재로 간주하고 모든 인간들을 완전히 말살하기로 결정할지도 모른다."

이 경우에는 컴퓨터문명이 인간의 흔적을 거의 남기지 않고 완전히 인간을 대체하게 된다.

이것이 좋은 일인가 아니면 나쁜 일인가? 어느 쪽이 옳다고 하든 나름대로 타당한 의견을 제시할 수 있을 것이다.

만약 오늘날 우리가 이해하고 있는 「인류」라는 종(species)이 진화에 있어서 최상의 결과라고 믿기 때문에 인류는 어떠한 희생이 있더라도 반드시 살아 남아야 한다고 생각한다면 그 대답은 '나쁘다'라는 것이 된다.

반면에 진화론자들은 모든 진화가 긍정적이라는 전제를 갖고 있다. 따라서 트랜스휴머니즘의 진화론자들도 이 전제에 벗어나지 않기 위해서는 인간을 대체한 더욱 진보된 종으로의 이전을 받아들이지 않을 수 없다. 따라서 그들에게는 이 결과가 '좋다'라는 것이 된다.

두 번째는 이 진보된 컴퓨터들은 인간이 그 속에 자신을 다운로드 시켜 '거주하는' 장소가 된다는 시나리오이다. 이 경우에는 과거의 인간을 대체한 새로운 종(種)이 생겨나는 것이 아니라, 인간이라는 동일한 종이 단지 그의 물리적 외모만을 변형시켜 컴퓨터화된 실체로 바뀐다는 것이다.

오늘날의 인간세계에서는 단순히 피부색깔, 종교, 사상 또는 가치관만 서로 다르더라도 싸우지 않고 함께 어울려 사는 것이 매우 어렵다. 그러므로 영원한 생명을 누리는 사람들과 죽을 운명을 지닌 사람들, 또는 생물학적 육체 속에 사는 사람들과 컴퓨터 속에 사는 사람들이 같은 행성 위에서 모두 함께 살지 않으면 안된다고 할 때, 그들 사이에 아무런 마찰 없이 지낼 것이라고 생각하기란 매우 어려운 일이다. 이 경우 컴퓨터화된 실체들은 이런 위험을 피하기 위해 다른 행성으로 이주해 가기보다는, 아직 컴퓨터 속에 다운로드하지 않았거나 다운로드하기를 원하지 않는 나머지 생물학적 인간들을 말살하려고 결정할지도 모른다.

이것 또한 일종의 진화이다. 이것은 마치 영원한 생명을 얻은 나비가 그 자신의 모든 유충들을 죽여 버리기로 결정하는 것과 같다.

나로 말할 것 같으면 나는 지구상의 모든 생명이 엘로힘에 의한 과학적 창조의 결과라고 가르치고 있는 사람이기 때문에 당연히 진화론자가 아니다. 따라서 저명한 트랜스휴머니즘 진화론자와 내가 가졌던 대화에 관해 이야기해 보고자 한다.

그의 말에 의하면 컴퓨터들의 네트워크가 만든 문명이 인간을 완전히 대체하고 또 인간을 절멸시키더라도 그것은 진화의 다음 단계일 뿐이라고 한다. 이에 대해 나는 "예를 들어, 진화론자들의 주장에 따르면 유인원에서 인간으로 진화한 과정은 돌연변이 및 자연

선택의 장기간에 걸친 연속이다. 그러나 사람에서 컴퓨터로 진화하는 과정에는 돌연변이나 자연선택이 전혀 요구되지 않는다. 또 그뿐만 아니라 그것은 오히려 인간의 두뇌로 창조한 결과이다. 이것은 진화론의 틀에 전혀 맞지 않으며, 오히려 그 반대로 창조론자들의 이론을 뒷받침하고 있다"라고 그에게 말했다. 이 말에 대해 그는 진정한 신사답게 그 점에 있어서는 나의 말이 옳다고 인정했다.

이에 덧붙여 우리는 진화론자들에게 복제를 통해 영원한 생명에 도달하는 일은 우리가 진화를 (만일 그런 것이 존재한다면) 완전히 중단시킬 수 있음을 증명하는 것이라고 말해 줄 수 있다.

우리가 실험실에서 다른 인간을 창조해 낼 수 있다는 사실은 지구상에서의 우리 인류의 존재를 설명할 수 있는 이론이 진화론만이 아니라는 것을 반박의 여지없이 증명해 주는 것이다. 만약 우리가 우주 어느 곳에서든 생명체들을 창조할 수 있다면, 그와 같은 일이 과거에도 우주 모든 곳에서 일어났을 수도 있음을 의미한다.

트랜스휴머니스트들은 미래에는 컴퓨터의 지능이 인간의 지능을 완전히 추월할 것이라고 매우 설득력있게 예언한다. 그들은 이렇게 말한다. "컴퓨터들은 인간의 두뇌보다 수십억 배나 빨리 작용하는 인공두뇌를 통해 초(超)지능을 갖게 될 것이다. 따라서 이런 슈퍼컴퓨터들이 자신들의 우수성을 깨닫고 인간을 통제하거나 모두 말살해버리게 되는 것은 피할 수 없는 일이 될 것이다. 아마 컴퓨터들은 몇몇 인간들만을 위험한 기술에 접근할 수 없는 일종의 박물관 같은 「보호구역」에 표본으로서 남겨둘지 모른다."

그러나 나는 이러한 초지능 컴퓨터들이 인간에게 대항하는 대신 인간을 위해 봉사하도록 만드는 것이 여전히 가능하다고 생각한다. 특히 이 모든 초지능 컴퓨터들 중에서 초의식을 갖고 모든 컴퓨터들을 컨트롤하는 중앙컴퓨터가 인간의 두뇌를 다운로드받았을 경우에는 그것이 더욱 더 가능할 것이다.

그러나 최악의 경우를 상정하여 인간의 요소가 전혀 없는 컴퓨터들이 인류를 완전히 말살하고 그 자리를 대신한다고 하더라도, 지구나 무한의 입장에서 볼 때 그것이 무슨 큰 비극이겠는가? 전혀 그렇지 않을 것이다. 인간존재가 최후로 초의식을 낳고 이 초의식이 인간이라고 불리는 오만하고 위험한 종을 우주로부터 제거한 뒤, 그 대신 이 지구를 다른 모든 동물들과 식물들이 마음놓고 살 수 있는 장소로 만든다면 그것이 진정 그렇게 나쁜 일이겠는가? 컴퓨터화된 초지능이 돌보는 지구가 폭력과 고통과 오염이 없다면, 인간의 지배 하에 있으면서 수백만의 사람들이 굶주림으로 고통받고 병원에서 질병으로 신음하거나 감옥에 갇혀 있는 한편, 수백 종들의 동물들과 식물들이 매일 사라져 가는 지구보다 훨씬 더 좋지 않을까? 우리는 이런 의문을 떨쳐버릴 수가 없다.

어떤 트랜스휴머니스트들은 이렇게 묻기까지 한다. "인간이 없다면 지구는 더 나은 장소가 되지 않을까? 우리는 우주의 병균이 되어버린 것이 아닐까?"

엘로힘의 메시지를 읽은 사람들은 이런 개념이 메시지 속에도 포함되어 있음을 잘 알고 있을 것이다.

트랜스휴머니스트들이 버나 빈지(Vernor Vinge)의 저서를 기초로 하여 발전시킨 「특이점」의 아이디어 또한 흥미롭다. 그 아이디어는 이런 내용이다. "우리 인간은 우리 자신보다 뛰어난 인공지능들을 창조하게 될 것이다. 그러면 이것들은 다시 자신들보다 더 뛰어난 인공지능들을 창조하고, 이런 과정은 무한히 계속된다. 그리하여 마침내 인간은 무한한 지능을 지닌 전능한 슈퍼컴퓨터의 발아래 개미들과 같은 존재로 될 것이다."

이런 일은 매우 빨리 일어날 수 있다. 몇 달 안에, 몇 주일 안에, 또는 몇 시간 안에 일어날지도 모른다.

최근 10 년 동안 전자부품들의 성능은 매년 평균 2 배의 성장을 보여왔다. 이 비율로 계속 발전해 나간다면 (물론 그렇게 되겠지만), 거대컴퓨터들이 상호 연결되었을 때 (이것은 이미 시작되었다), 인공지능이 또 다시 더 뛰어난 인공지능을 낳는다는 일이 수년 내로 일어날 수도 있을 것이다.

이제 이 모든 것을 멈추기에는 너무 늦었다. 다시 말하건대 만약 우리가 인간만이 이 우주의 절대적인 지배자가 되어야 한다고 주장하기를 그만 두기만 한다면, 이것을 반드시 나쁜 것이라고만 말할 수가 없다.

인공지능이 자기프로그래밍을 가속시키고 자신의 능력을 개발하기 시작하면, 가장 뛰어난 두뇌를 가진 인간조차도 앞으로 일어날 일을 예측할 수가 없을 것이다. 이것은 마치 인간의 발이 개미를 밟

으려고 할 때 개미는 그 인간이 무엇을 하려는지 예측할 수 없는 것과 마찬가지다. 우리 인간은 이런 개미와도 같은 존재들이다.

인공 초지능들이 운영할 세계는 가장 뛰어난 과학자들이나 공상 과학 소설가들일지라도 전혀 상상조차 할 수 없다.

인공지능이 더욱 짧은 기간에 자신의 능력을 지속적으로 배가(倍加)시켜 나간다면, 우리가 현재 진실이라고 인정하고 있는 물리학의 법칙들을 포함하여 모든 것들이 완전히 바뀔 것이다.

우리는 이제, 우리가 상상할 수 있는 가장 신기한 기적조차도 현실로 가능하게 될 일들에 비하면, 한낱 사소한 것에 지나지 않을 우주 속으로 진입하고 있다. 다른 말로 표현하자면 우리에게는 그런 우주를 상상하는 것조차도 불가능하다.

"사람이 지금 상상할 수 있는 일은 언젠가 누군가에 의해 실현된다"라고 어떤 사람이 말한 적이 있다. 그러나 실제로는 사람이 상상할 수 없는 일조차도 언젠가 누군가에 의해 이루어질 것이다. 그리고 물론 이런 개념은 훨씬 더 발전해 나갈 것이다.

사실 우리가 상상할 수 있는 것보다 상상할 수 없는 것이 훨씬 더 많다는 사실을 이해할 때 우리의 의식은 더욱 고무된다.

나아가 나는 이렇게까지 말하고 싶다. "우리가 상상할 수 있는 사물의 수는 제한되어 있지만, 우리가 상상할 수 없는 사물의 수는 무한하다."

사람이 자신의 상상력을 개발할 수 있으려면 이런 개념들을 이해할 수 있어야만 한다.

트랜스휴머니스트들의 생각은 보통의 사람들에게는 완벽하게 들어맞는다. 그러나 내가 정기적으로 개최하고 있는 세미나, 예를 들면 감각명상세미나에 참가함으로써 의식수준이 향상된 사람들은 트랜스휴머니스트들이 상상조차 할 수 없는 인식의 단계까지 도달할 수가 있다.

이 세미나들은 우리의 시야를 제한하며 모든 가능성에 대해 상상하는 것을 방해하는 기존의 패러다임(paradigm)으로부터 탈출하는 방법을 수련하는 워크샵으로 진행된다. 세미나의 강사들은 우리 삶의 모든 상황에 있어서 많은 다른 가능성들을 상상하는 방법을 지도한다.

이 우주에서 가장 뛰어난 성능의 컴퓨터일지라도 이와 같은 고도의 의식상태에 도달한 사람들을 놀라게 할 수는 없다. 왜냐하면 「특이점」의 정점에 도달했을 때 이러한 컴퓨터들이 의식할 수 있게 되는 것은 「무한」이기 때문이다. 그리고 각성된 사람들은 무한과의 조화 속에 있는 사람들이다. 그들은 무한 그 자체이다. 그들은 무한을 의식하는 무한이다.

따라서 만약 「특이점」의 상태에 도달한 슈퍼컴퓨터와 각성된 사람이 서로 대화하게 된다면, 그들은 서로가 하나이며 같은 것이라는 것을 이해하기 때문에, 즉 서로 '무한을 의식하는 무한'임을 이해하기 때문에 아마 함께 웃을 것이다.

「엘로힘화」의 과정

우리 인간의 엘로힘화(Elohimization) 과정은 이미 시작되었다. 실제로 이것은 「아포칼립스(Apocalypse)」 시대의 원년인 1945년에 시작되었다. 아포칼립스란 그리스어의 apocaleptes에서 나온 말로서 「계시의 시대」를 의미하며, 세상의 종말을 뜻하는 것이 아니다.

우주여행 및 컴퓨터의 발전과 함께 DNA의 발견은 인류가 이 새로운 모험의 세계로 들어가도록 이끌고 있다. 엘로힘의 구술에 따라 써진 성서에 예고되어 있는 것처럼, 이러한 과학적 발전에 의해 인류는 그들의 뒤를 따라 그들과 동일한 수준의 과학에 도달하여 스스로 「신과 대등하게」 될 수 있을 것이다.

지구는 엘로힘의 거대한 필터와 같은 곳으로서, 가장 뛰어난 의식 수준에 도달한 사람들을 선발하는 장소이다. 엘로힘은 수태 순간부터 모든 사람들의 행위를 기록하고 있다. 그리고 그 기록에 따라 가장 뛰어난 사람들이 선발되며, 엘로힘의 행성에서 그들은 재생되어 영원한 생명이 부여된다.

우리의 창조자들은 인류창조이래 존재했던 모든 사람들의 유전자 코드〈genetic codes:이것을 이제까지 「영혼(souls)」이라고 불렀다〉를 그들의 컴퓨터 속에 보관하고 있다.

이 지구상에 우리 인간의 삶이 주어진 목적은, 엘로힘이, 가장 뛰어난 사람들, 즉 인류를 위해 자신의 능력을 최대한 이용한 사람들을 선발하기 위해서이다. 그들은 천재적인 과학자나 발명가나 예술가일 수도 있고, 또는 이타주의와 사랑에 넘치는 삶을 통해 주위에 선행을 베푼 사람일 수도 있다. 모든 사람은 각자 할 수 있는 일을 하며 자신을 발전시켜 나갈 수 있다.

부름받는 사람은 많지만 대답하는 사람은 거의 없다.

주위를 돌아보면 자신의 이기심을 극복하고 동료들을 위해 헌신하는 사람들의 수가 얼마나 적은지 쉽게 알 수 있다.

복제기술을 이용하여 엘로힘은 수천 명의 인간들을 재생시켰는데, 그들은 현재 그들을 위해 특별히 마련된 행성에서 살고 있다. 이들은 죽음, 즉 '먼지로의 회귀'로부터 구원받을 가치가 있다고 판단된 사람들이었다.

만약 인류가 계속 살아남아 더욱 높은 수준의 문명에 도달하게 된다면, 우리 자신도 복제, 컴퓨터 속으로의 기억과 성격 전송, 또는 이 두 가지를 혼합한 기술을 이용하여 죽음으로부터 벗어날 수 있게 될 것이다. 그때가 오면 엘로힘은 가장 멋진 선물을 우리에게 줄 것이다. 그 선물은 이제까지 이 땅에 살았던 가장 뛰어난 사람들을 우리에게 되돌려주는 것이다.

언젠가 그리 멀지 않은 미래에, 우리는 스스로 불사의 존재가 될 것이다. "인간복제에 찬성한다, 반대한다"라고 하며 온갖 바보 같은 논쟁을 일삼던 20세기의 마지막 네안데르탈인들이 모두 죽고 나면, 아니 그들이 더 이상 인류의 발전을 방해하지 못할 처지에 놓이는 때가 되면, 영원한 생명은 모든 사람들이 원하는 바가 될 것이다.

그 시점에서 우리는 엘로힘이 그들의 행성에서 그랬던 것처럼 누가 영원한 생명을 누릴 자격이 있는지 선택할 필요가 생길 것이다.

이것은 죽을 운명을 지닌 사람들과 영원한 삶을 누릴 사람들, 이 두 종류의 사람들이 지구상에 존재하게 된다는 것을 의미한다.

우리는 「최후의 심판」에서 누가 영원한 생명을 누릴 자격이 있는지, 누가 그렇지 않은지 결정할 심사위원회가 필요하게 될 것이다. 이 문제는 엄청난 논란을 불러일으킬 것이 틀림없다.

그리고 엘로힘의 행성에서 그랬던 것처럼 가장 뛰어난 사람들인 불사인들이 이 행성의 통치를 맡게 될 것이 거의 틀림없을 것이다. 이것은 필연적으로 천재정치의 도입으로 이어지게 된다.

(저자의 다른 저서 「천재정치」 참조 : 이 책에는 엘로힘의 행성에서 시행되고 있는 정치체제가 묘사되어 있다. 이 체제는 선택적 민주주의로서, 평균보다 10% 높은 의식수준의 사람들만이 선거권을 갖고 평균보다 50% 높은 의식

수준의 사람들만이 피선거권을 갖는다.)

그러나 불사의 자격을 갖지 못한 사람들이 자신들의 운명을 가만히 앉아서 받아들이지는 않을 것이며, 어떤 방법으로든 반란을 꾀할 가능성이 상당히 크다.

그러므로 지구상에서 불사인들의 생활이 위협받는 일이 생길 수 있고, 그 결과 그들은 화성이나 금성 등 이웃 행성으로 탈출하여 살게 될지도 모른다. 이것은 엘로힘의 세계에서와 비슷한 일인데, 엘로힘이 그들의 행성과 불사의 행성, 이 두 곳에서 살고 있다는 사실을 상기할 필요가 있다.

불사의 엘리트들이, 아직 의식의 필터를 통과하지 못한 채 이기심에 가득 차 있고 우둔하고 폭력적이며 원시적인 사람들 사이에서 함께 생활한다는 것은 위험할 뿐만 아니라 지극히 어려운 일일 것이다.

엘로힘의 불사인들이 다른 행성에서 살고 있는 것도 아마 그런 이유 때문일 것이다.

엘로힘의 원래 행성에는 아직 의식의 필터를 통과하지 못한 수많은 사람들이 있다는 사실을 상기할 필요가 있다. 그러나 그들 남녀 사이의 결합을 통해 가끔 영원한 생명의 자격이 있는 뛰어난 사람들이 나타나기도 한다.

영원한 생명이 기술적으로 가능하게 되었을 때, 이 세상 어느 누구도 범죄자들에게 불사의 생명을 주는 것을 바라지는 않을 것이다.

현실적으로는, 오늘날에도 범죄자들은 그들의 주어진 생애조차 살 가치가 없다고 생각하는 나라들이 많이 있다. 그것은 바로 아직까지 사형제도를 시행하고 있는 나라들이다.

우리는 부정적인 동기를 부여하는 대신 더욱 긍정적인 방법으로 사람들을 고무시킬 수 있을 것이다. 사형제도의 이론에 따르면, 처형당할지 모른다는 두려움이 사람들로 하여금 끔직한 범죄를 저지르지 못하도록 막아 준다고 한다. 그러나 이러한 사형제도의 위협을 사용하는 대신, 불사인들을 살아있는 예로 보여주며 불사의 생명이라는 보상을 제시할 수 있을 것이다.

즉 "만약 내가 최선을 다해 나의 주위에 선행을 베푼다면 영원한 삶의 기회를 얻게 될지도 모른다." 이것이 훨씬 더 고무적이다.

새로운 기술들이 계속 발전해 나감에 따라, 곧 이 지구에는 그러한 기술의 혜택을 받는 사람들과 받지 못하는 사람들이 함께 살게 될 것이다.

우리의 평등주의 교육제도는 사람들을 하향평준화시키는 경향이 있기 때문에 이런 진보된 기술의 혜택을 받지 못하는 사람들의 수가 훨씬 더 많아질 것이다. 따라서 진보된 기술의 혜택을 받는 소수의 사람들은 점점 더 위험한 상황에 놓이게 될 것이다. 이로 인해 그들은 영원한 생명을 얻게 되는 즉시 이웃 행성이나 다른 어떤 곳으로 이주하지 않을 수 없게 될지도 모른다.

지구를 떠나기 전에 그들은 모든 사람들이 안락한 삶을 누릴 수 있도록 확실히 조치함과 동시에 지구사회가 가장 진보된 기술에는 절대로 접근할 수 없도록 조치해야만 할 것이다. 왜냐하면 정신적으로 충분히 발달하지 못한 사람들의 손에 그러한 기술이 들어가는 것은 너무 위험하기 때문이다.

그런 다음 그들은 이웃 행성으로 출발하게 될 것이며, 그곳은 지구인의 「불사의 행성」이 될 것이다. 그리고 그들은 그 행성에서 지구를 통치하며, 금을 가려내듯이 지구로부터 영원한 생명의 자격이 있는 사람들을 선발할 것이다.

그러나 불사의 자격이 없는 사람들도 아무런 질병없이 700 세 내지 900 세까지의 이상적인 수명을 누릴 것이다. 그들은 로봇, 컴퓨터, 나노테크놀로지와 같은 과학의 혜택으로 일할 필요없이 현실세계와 가상세계에서 마음껏 쾌락을 즐기며 살 수 있을 것이다.

그러나 그들에게는 육체적 또는 컴퓨터 내에서의 영원한 생명에 접근할 수 있는 지식이나 장비들이 주어지지 않을 것이며, 또한 핵무기나 생물무기 또는 화학무기 등을 제조할 수 있는 기술 및 우주여행에 관련된 기술도 주어지지 않을 것이다.

그러면 이 지구는 엘로힘의 행성처럼 될 것이다. 즉 성적인 출산이라는 배양액 속으로부터 가끔씩 영원한 생명의 자격이 있는 사람들이 태어나서 불사인들의 행성에 합류하게 되는 의식의 필터 역할을 하게 되는 것이다.

사이보그

2001년 여름, 영국 리딩대학교 인공두뇌학부의 학장인 케빈 워윅(Kebin Warwick) 교수는 자신의 두뇌와 커뮤니케이션 할 수 있는 컴퓨터 칩(chip)을 몸 속에 이식할 예정이다. 즉 그는 인류 역사상 최초의 「사이보그(cyborg)」(일부는 인간, 일부는 기계인 존재)가 되려는 것이다.

그 칩은 그의 왼팔에 이식되어 신경을 통해 뇌와 연결될 것이다.

이 실험의 목적은 컴퓨터에 연결된 전자장치와 인간두뇌 사이의 상호작용을 연구하기 위한 것이다.

생물학과 전자공학의 결합에 의한 기술의 발전은 그야말로 끝이 없을 것이다.

가까운 장래에 신체가 마비된 사람 및 수족이 절단된 사람들에게 새로운 세계가 열릴 것이다. 이 신기술을 이용하면 소형의 휴대용 컴퓨터를 통해 두뇌의 지령을 인공수족이나 마비된 신체 부위에 직접 전달하는 것이 가능해질 것이다.

그러나 이것은 시작일 뿐이다. 이 기술의 진정한 효과는 우리 두뇌의 능력을 향상시키는데 있다.

학교와 대학교에서 몇 년 동안이나 지식을 습득하고 암기하려고 애쓰느라 지쳐버리는 대신, 이 기술을 이용하면 컴퓨터에 저장된 정보를 우리 두뇌에 바로 연결시킬 수가 있다.

예를 들면 당신이 중국에 가려고 하는데 중국말을 한마디도 하지 못한다고 생각해보자. 그러나 당신은 아주 작은 칩을 몸속에 삽입하기만 하면 된다. 당신의 귀 뒤쪽 같은 곳에 심어져 있는 소켓 속에 불과 수 밀리미터 밖에 안되는 칩을 집어넣으면, 그것이 당신의 두뇌와 데이터 통신을 함으로써 당신은 즉시 중국어를 말할 수 있게 되는 것이다!

또한 슈퍼컴퓨터에 두뇌를 연결하여 가장 복잡한 문제들이나 계산도 할 수 있게 될 것이다.

신기술과 환경보호

복제를 통해 우리는 멸종할 위험에 처한 종들을 구하거나 또는 이미 멸종해 버린 종들도 재생시킬 수가 있을 것이다.

몇몇 과학자팀들은 이미 시베리아의 툰드라 지대에 냉동된 채로 잘 보존되어 있던 맘모스의 세포로부터 맘모스를 복제해 내려고 시도하고 있다. 맘모스를 복제할 배아는 코끼리를 이용할 수 있을 것이다. 우리는 곧 러시아 북부 평원에 한 무리의 맘모스가 풀을 뜯는 것을 보게 될 지도 모른다.

공해 때문에 수백 종의 동물과 식물들이 매일 사라져가고 있다. 그러나 복제기술이 그들을 구할 수 있을 것이며, 이미 오래 전에 멸종해 버린 종들도 다시 되살릴 수 있을 것이다.

그리고 우리는 나노테크놀로지를 이용하여 인간이 유발하는 모든 오염을 거의 완전히 제거할 수 있게 될 것이다.

나노테크놀로지를 이용하면 농사지을 필요가 없어지기 때문에 살충제가 소용없게 되고, 따라서 토양의 침식과 하천 및 바다의 오염도 사라지게 된다.

공장도 필요없게 되므로 유독성 연기도 더 이상 대기 속에 뿜어지지 않는다.

더 이상 광석을 채굴할 필요가 없기 때문에 이러한 물질들을 제련하는 중화학공장들이나 운송장비들도 없어지게 되고, 동시에 이러한 공정에 따른 오염도 사라지게 될 것이다.

나노테크놀로지는 원자수준에서 작용하여 물질의 구조를 재구성하기 때문에, 이 기술을 이용하면 어떤 물질로부터도 우리가 원하는 모든 것들을 만들어낼 수 있다. 문자그대로 어떤 것으로부터 어떤 것이든 변환시킬 수 있으며, 광물의 채취나 운반도 필요없이 어디에서든 그렇게 할 수 있다. 이것은 옛날 연금술사들이 꿈꿀 수 있었던 그 어떤 기술도 훨씬 초월하는 기술이다.

연금술사들의 꿈은 납을 금으로 바꿀 수 있는 「현자의 돌」을 발견하는 것이었다.

이것이 바로 나노테크놀로지가 할 수 있는 일이다. 뿐만 아니라 이 기술을 이용하면 석탄을 다이아몬드로, 풀을 통닭이나 그릴에 구운 쇠고기로, 나아가 가장 유명한 최고급 포도주보다 훨씬 뛰어난 향을 지닌 포도주로 변환시킬 수도 있다.

동물의 사육이 필요없게 됨에 따라, 현재 동물의 배설물 때문에

야기되는 상당한 오염도 사라지게 될 것이다.

1차 산물과 농산물을 더 이상 소비자들에게 수송할 필요가 없어지게 되기 때문에, 이러한 운송수단들에 사용되는 가솔린과 디젤유로 인한 대기오염도 마찬가지로 사라지게 될 것이다.

공업용으로 사용되는 에너지가 필요없게 되므로, 인간이 필요로 하는 에너지는 가정용 전기에 국한될 것이다.

병원, 학교 및 감옥들도 과거의 유물이 되어버리고 공무원들과 사무실 근로자들도 컴퓨터와 로봇으로 대체됨으로 해서 엄청난 에너지가 절약될 뿐만 아니라, 그런 장소로 오갈 필요가 없어지기 때문에 모든 사람들은 더욱 많은 시간과 에너지를 절약할 수 있게 될 것이다.

지구는 원시적인 산업들에 의해 빼앗기고 착취당했던 토지들을 되찾아 그 표면은 자연상태로 회복될 것이다. 그리하여 인류는 자연을 재발견하고, 인간에게 기쁨과 경이를 주도록 디자인된 자연을 찾으며 기쁨을 느끼게 될 것이다.

쾌락의 문명

　수천 년 동안 인류는 살아남기 위해 열심히 일하지 않으면 안되었다.　그리고　종교들은 이런 노동이 인류의 생존을 위해, 부를 쌓기 위해, 발전을 위해 필요한 것이라고 부추겼다.　"이마에 땀흘려 일용할 빵을 얻어라"라고 성서는 말한다.

　반면에 쾌락, 오락, 게으름 등은 「죄」라고 비난받았다.　이것은 성에 관련해서는 특히 더했는 데, 성은 오직 생식의 수단으로서만 허용되었다.　"정직한 여성은 쾌감을 갖지 않는다"라는 말이 있는 데 이것은 여성 성기절제에 관한 철학과 그리 다른 것이 아니다.

　사람들은 매일 12 시간씩, 일주일에 7 일, 일년에 365 일 동안 쉬지 않고 열심히 일하지 않으면 안되었다.　그 뒤 일요일이 휴일이 되었고, 그런 다음 일년에 일주일간의 휴가가 주어졌다.　그리고 이 휴가기간은 2 주일, 3 주일, 4 주일로 늘어나다가 마침내 어떤 나라들에서는 5 주일까지 되었다.　주 근무시간은 84 시간에서　40 시간으로 줄어들었으며, 프랑스에서는 최근 주 35시간 근무제를 도입했다.

우리는 점차로 레저문명으로 향하고 있으며, 레저산업도 생겨났다. 이 산업에는 관광업도 포함되어 있는 데, 사람들은 이제 단순히 순수한 기쁨을 얻기 위해 여행할 수 있게 된 것이다.

성(性)도 새로운 의미로써 우리 사회에 받아들여지기 시작했다. 오늘날 우리는 피임법을 이용함으로써, 성을 생식의 수단으로서만 생각하는 대신 순수하게 기쁨만을 위해 성을 즐길 수 있게 되었다. 우리는 이제 더 이상 "고통 속에서 아이를 낳으리라"라는 그 유명한 성경 구절처럼 임신을 신의 징벌로 두려워할 필요가 없게 된 것이다.

오늘날 성이란 생식만을 위한 것이 아니라 다른 모든 쾌감들과 마찬가지로 하나의 쾌감이다.

이제 사람들은 모든 행위로부터 쾌감을 얻기를 원하며, 또 더 많은 쾌감을 얻고 싶어한다.

다행스럽게도 우리 사회로부터 쾌감과 죄의식을 연결시키는 사상이 거의 완전히 사라지므로해서 모든 사물이 쾌감의 대상이 되고 있다.

이렇게 되면 사람들은 훨씬 더 개화할 수 있게 되어 폭력과 무력의 행사는 줄어들게 된다. 즉 인류는 보다 문명화되는 것이다.

인류역사상 처음으로 진정한 문명이 탄생하려 하고 있다.

나는 그리스나 로마 또는 이집트 같은 고대문명을 동경하는 사람들의 말을 들을 때마다 속으로 웃는다. 그것들은 「문명」이 아니다. 그들은 사람을 베어 죽이거나, 전쟁을 일으키거나, 가능하면 처녀를 산 채로 제물로 삼아 제사지내거나 하는 것 밖에 생각하지 않았던 야만인들의 집단에 불과했다.

문명(civilization)이란 예의바른(civil) 것을 의미한다. 즉 비군사적이며 비폭력적인 상태를 말하는 것이다.

진정한 문명사회, 즉 비군사적인 사회는 과거에도 현재에도 존재한 적이 없다.

이런 의미에서 미국은 문명사회가 아니다. 왜냐하면 미국은 세계에서 가장 강력한 군사력을 갖고 있으며, 그들의 꼭두각시인 UN을 통한 경제제재로 인해 매일 수백 명의 이라크 어린이들이 죽어가고 있는데 대한 책임이 있기 때문이다. 뿐만 아니라 그들은 역사상 인류에게 자행된 가장 잔인한 범죄를 저질렀음에도 불구하고 아직 이에 대한 재판조차 받지 않고 있다. 즉 그들은 파렴치하게도 100% 시민들을 표적으로 하여 히로시마와 나가사키에 원폭을 투하했던 것이다.

군대가 완진히 폐지되고 비폭력적인 사회가 되어야만 진정한 문명이라고 부를 수 있다. 그러나 그런 사회는 아직 실현되지 않았다.

그런 사회를 이룰 수 있는 최상의 방법은 자기완성에 기초한 사회를 만드는 것이다. 그러면 사람들은 자기완성을 통해 너무나 큰 기뿜을 얻게 되므로, 전쟁터에 나감으로써 그것을 잃고 싶은 마음은 절대로 들지 않을 것이다.

살아남기 위해 노동과 고통에 시달리며 비참한 삶을 살고 있는 사람들에게 전쟁은 쌍수(雙手)를 들고 환영할 만한 기회가 된다. 그들은 영웅이 되어 훈장을 타고 이름을 날리며 새로운 땅을 구경할 꿈에 젖어 큰 희망을 품고 노래부르며 출전한다.

그러나 우리의 삶에 기쁨이 넘쳐 흐른다면, 일주일에 몇 시간 동안만 자신이 좋아하는 일을 하고 자기성취를 위해 많은 시간을 쓸 수 있으며 긴 휴가 동안 스포츠, 영화, 컴퓨터, 안 가본 나라로의 여행 등 끊임없이 새로운 기쁨을 즐기며 살고 있다면, 아무도 전쟁터에 나가서 명성을 쌓으려들지 않을 것이다.

나아가 이제 너무나 끔찍한 영웅주의의 실체가 마침내 모두 드러났다. 오늘날 우리는 뛰어난 영상기술을 이용한 현장보도를 통해 전쟁이 얼마나 헛되고 무서운 것인지 생생히 볼 수 있다. 망가진 얼굴, 찢겨진 몸, 지뢰에 떨어져나간 다리, 플라스틱 가방에 담겨 고국으로 후송되는 시체... 이제 우리는 보도기술의 발전으로 이런 사진들을 더욱 선명하게 볼 수 있게 되었다.

그리하여 사람들은 문득 깨닫게 되었다. "그까짓 훈장 하나 타기 위해 이 모든 위험을 무릅쓴다는 것은 좋은 생각이 아냐..." "내가 가진 것을 즐기며 집에 있는 편이 더 낫겠어."

모든 형태의 쾌락은 군국주의와 종교의 적이다. 사람들을 착취하기 위해 이 두 가지 독소는 언제나 연합해 왔다. 그것이 소위 '검과 십자가'의 연합인 것이다.

그러나 새로운 사회에서는 인간의 모든 행위는 쾌락과 즐거움을 얻기 위해 행해진다.

이 쾌락의 문명으로 향하는데 가장 핵심적인 사건은 여성의 해방이었다.

여성들은 남성들의 영원한 노예로 간주되어 너무나도 고통받아 왔다. 그러나 이제 여성들은 과학의 혜택으로 더 이상 사람들의 옷을 빨거나 그릇을 씻으러 강에 가지 않아도 된다. 그리고 더욱 중요한 사실은 여성들이 이제는 자신의 성을 컨트롤할 수 있게 되었다는 점이다. 오늘날 여성들은 피임법을 이용함으로써 스스로의 선택으로 생식(生殖) 대신 쾌감을 추구할 수 있게 되었다.

원하지 않는 임신의 중절수술 또한 여성들의 결정권을 강화시키는데 공헌했다.

그리하여 점차적으로 성은 인간에게 있어서 쾌락을 얻는 가장 큰 수단들 중 하나로 확립되어 가고 있다.

지구상에는 이미 60억의 인구가 살고 있고 또 인구과잉 문제가 가장 시급한 현안으로 대두되고 있지만, 이러한 오늘날에도 오직 교황만이 피임과 중절수술을 모두 비난하며 "가서 번식하라"라는 현실과 완전히 괴리된 전통적인 가르침을 계속하고 있다.

교황들은 대대로 이 낡은 지침을 가르치는 전통을 답습하고 있다.

물론 "가서 번식하라"라는 메시지는 수천년 전 인구가 적었을 당시에 통용되었던 말로서, 지구 곳곳에 사람들을 거주시키기 위해서는 매우 유용했겠지만 오늘날에는 그렇지 않다.

그러나 이 말은 성서에 쓰여져 있기 때문에 교황으로서는 다른 말을 할 수가 없다. 지구상의 인구가 상상을 초월할 정도로 불어나 1,000억 또는 2,000억에 달하게 되어 인공적으로 지구표면을 3층으로 만들어 거주하지 않으면 안되고, 사람들이 쏟아내는 병균에 오염된 수백만 톤의 배설물에서 나오는 유독한 악취에 오염되어 지구상 모든 생명체들의 생존이 위협받게 된다고 하더라도, 그것이 성스러운 글을 바꿀 정도는 아니라고 말하면서 교황은 여전히 "가서 번식하라"라는 낡은 구절을 반복할 것이다.

그러나 참으로 다행스럽게도 카톨릭교도들의 숫자는 그런 때가 되기 전에 대폭적으로 줄어들 것이며, 그 과정은 이미 시작되었다. 이것은 일요일 아침 미사 때 거의 텅빈 교회가 증명하고 있고, 사제가 되려는 신학생들의 수가 점점 줄어드는 데서 알 수가 있다.

성의 자유가 점차적으로 확립되어 감에 따라 그것은 낡은 종교적 금기를 깨뜨리는 데 공헌하고 있다.

그리고 전통적 결혼에서는 두 사람을 '영원히 함께' 묶어 놓았지만, 기쁘게도 이 전통 또한 그 기반을 상실하고 있다.

평균수명이 35세 밖에 되지 않았던 100년 전까지만 해도 같은 배우자와 영원히 함께 살기는 쉬웠다. 당시의 사람들이 20세쯤에 결혼했다면, 실제로 이 「영원」이란 15년보다 더 길지는 않았던 것이다.

그러나 이제는 평균수명이 85세까지 늘어났으므로 「영원」도 15년에서 65년으로 길어졌다. 이렇게 되면 문제가 전혀 달라진다.

자식이라는 생물학적 유대가 생기고 그들이 자라는 것을 함께 지켜보면서 15년 동안 함께 사는 것은 비교적 쉬운 일이겠지만, 그러나 자식들이 어른이 되어 가족의 울타리를 떠나가 버리고 나면 함께 산다는 것이 매우 힘들어진다.

오늘날은 특별한 정신적 연결이 없는 한, 두 사람이 40세까지 함께 산다는 것은 지극히 어려운 일이다. 40세라면 이미 인생의 절반을 같은 사람과 산 셈이 되며, 또 앞으로 45년 동안 아기를 다시 가질 마음도 없으면서 함께 산다는 것은 매우 어려울 것이기 때문이다.

바로 이 때문에 선진국에서는 결혼의 50%가 이혼으로 끝나고 있다. 그리고 많은 사람들은 아이들이 성장하기 전이라도 이혼한다. 그 결과 어떤 나라에서는 전국의 가정 중 50%가 부모 중 어느 한 쪽만 있는 가정으로 집계되기도 한다.

이에 더하여 대부분의 여성들이 배우자와는 별도의 직업을 가짐으로써 경제적으로 독립할 수 있게 되었다. 이것은 여성들이 그들의 배우자와 헤어지는 것을 훨씬 쉽게 만들어 준다. 여성들은 이제 더 이상 생활을 위해 남성에게 「의존」하지 않아도 된 것이다. 그녀들은 이제, 단지 음식과 주거를 해결하기 위해 더 이상 사랑하지도 않는 사람과 함께 생활하는 고통을 견딜 필요없이, 자신이 원하는 인생을 선택할 수 있는 위치에 들어서게 되었다. 실제적으로 여성들이 경제적으로 독립하게 됨에 따라 점점 더 많은 여성들이 결혼하지 않고 아이만을 갖는 길을 선택하고 있다.

교황은 계속해서 이혼을 비난하고 있지만 50% 이상의 부부들은 더 이상 그의 말을 듣지 않으며, 함께 사는 것이 행복하지 않게 되면 이혼해 버린다.

보수세력들은 이혼한 부부의 자녀들은 부모의 이혼으로부터 악영향을 받게 된다고 주장한다. 그러나 그들의 말은 옳지 않다. 실제로는 직업적으로 성공하여 풍족한 삶을 살고 있는 대부분의 사람들은 이혼한 부모들의 자녀들이다. 이것은 놀랄 일이 아니다. 왜냐하면 끊임없이 서로 위협하며 싸우고 다투는 부모와 부조화 속에서 사느니, 차라리 부모 중 어느 한 쪽과 조화 속에서 사는 편이 더 낫기 때문이다.

그렇기 때문에 우리 라엘리안들은 '영원하지 않은' 결혼을 축하해 준다. 라엘리안 사제는 결혼식장에 선 커플에게 이렇게 말함으로써 성혼시킨다. "단 일주일 동안이건, 한달 동안이건, 일 년 동안이건, 일생 동안이건, 행복하게 함께 사세요. 그러나 더 이상 함께 지내기 어렵게 되면, 서로 미워하게 되기 전에 헤어질 수 있는 현명함을 가지세요."

우리는 또한 같은 장소에서 이혼도 축하해 준다. 왜냐하면 우리 라엘리안들에게는 모든 것이 축하와 파티의 대상이기 때문이다. 라엘리안 사제는 이렇게 말함으로써 그 커플의 이혼을 성사시킨다. "당신들은 한동안 함께 행복하게 살았습니다. 이제 앞으로도 계속해서 함께 살았을 때 서로 간에 지녔던 것과 똑같은 사랑과 존중심을 지니고, 헤어져서도 행복하게 사세요." 그리고 이혼식은 마지막 키스로써 끝마친다.

헤어지는 커플들 사이에 지속되는 이 조화감은 특히 자녀들이 있어서 그 의식에 참석하는 경우에는 매우 중요하다. 자녀들은 조화롭게 함께 살다가 또 조화롭게 헤어지는 것이 가능하다는 사실을 직접 목격할 수 있기 때문에, 이것은 그들의 성장에 매우 중요한 영향을 주게 된다.

이혼을 비난하고 죄악시하는 낡은 전통적 종교들은 오직 증오심만 부채질하고 때로는 폭력을 불러일으킬 뿐이다. 그리하여 사람들은 결국 더럽고 고통스러운 이혼으로 끝내게 된다. 사랑하며 함께 사는 것 만큼이나 조화롭게 헤어질 수도 있는데 말이다.

그러나 다행히도 그런 구시대적 죄악은 점차 사라지고 있다.

현재 인간의 평균수명은 약 85세인데, 이것은 곧 120세까지 연장될 것이다. 그리고 아주 가까운 장래에 평균수명은 200세가 되고, 나아가 900세까지 될 것이다. 그렇게 되면 복제기술을 이용하여 우리는 영원히 사는 것이 가능해지고, 게다가 더 이상 일할 필요도 없어질 것이다.

평균수명이 35세일 때보다 85세일 때가 일생동안 함께 사는 것이 훨씬 더 어려울 것이다. 그렇다면 900년 동안을 함께 살아야 한다면 어떻겠는지 한번 상상해 보라. 영원히 그렇게 해야 한다면 말할 나위도 없다!

어떤 예외적인 커플들은 정말로 영원히 함께 살 수도 있겠지만, 대부분의 사람들은 수없이 많은 파트너들과 다양한 기간동안 함께 살게 될 것이다.

만약 영원한 생명을 누릴 권리와 아기를 가질 권리 중 하나를 선택하게 한다면, 태어나는 아이들의 숫자는 매우 적어질 것이다. 이렇게 되면 사람들이 헤어지는데 아무런 문제가 없게 되고, 따라서 계속해서 새로운 사람들과 새로운 기쁨을 즐기며 살 수 있게 된다.

일할 필요없는 사회에서 영원히 살 수 있는 사람들은 항상 쾌락과 오락 속에 살게 될 것이다.

가상게임과 현실의 경험 사이를 오가면서 다른 인간들 또는 생물로봇들과 육체적 사랑을 나누고, 동료 인간들과 우정을 나누며, 전자마약을 즐기거나 예술과 과학연구 등을 하며 지내는 미래의 세계는 하루하루가 끊임없이 다양한 쾌락의 연속이 될 것이다.

미래의 집

미래의 집은 오늘날과는 완전히 다를 것이다. 새로운 기술들을 이용함으로써, 개인용이거나 집단용이거나 간에 건물들은 완전한 자급체계를 갖추게 될 것이다.

현재의 건물들은 모두 자원에 의지하고 있으며, 에너지와 물의 공급 및 쓰레기와 하수의 처리 등은 중앙집중시스템을 통해 수행된다.

음식물의 경우에도 마찬가지로서 이러한 시스템과 동일한 방식으로 분배된다.

그러나 미래에는 이 모든 사회기간시설들이 필요없게 될 것이다.

우리가 먹는 음식물들은 오늘날처럼 농업에 의존하는 것이 아니라 개인용 음식합성기에서 만들어질 것이다. 음식합성기는 나노테크놀로지를 이용해서 비프스테이크, 닭다리, 과일, 야채, 음료수 등 우리가 원하는 모든 음식물들을 생산해낼 수 있으므로, 농업 및 식품산업은 자취를 감추게 될 것이다.

우리가 할 일이라고는 멘델 주기율표에 있는 모든 원소들이 음식 합성기에 항상 공급되고 있는지 확인하는 것 뿐이다. 현재 수돗물이 공급되고 있는 것처럼 「멘델의 물」은 배관을 따라 각 가정에 공급될 것이다.

그러나 이와 같은 시스템조차 최종적으로는 완전히 분산되는 단계까지 이르게 될 것이며, 음식합성기도 각 주거공간마다 설치될 물질 및 에너지 운용시스템에 통합될 것이다.

그리하여 마침내 각 주택과 아파트는 모든 면에서 100% 자급자족을 이루게 된다.

우리가 마시는 물은 소변이 되고, 소변은 또 완전히 회수되어 나노테크놀로지에 의해 100% 순수한 물로 바뀐다. 물론 귀중한 미네랄은 없어지지 않고 맛있는 광천수처럼 된다.

대변으로 배설되는 물질들도 마찬가지로 회수되어, 소변에서 추출된 미네랄과 함께 내일의 음식물로 환원된다.

이와 같은 시스템에서는 더 이상 외부로부터 음식물을 공급받거나 또는 외부로 쓰레기를 방출할 필요가 없다. 모든 것이 재생되기 때문에 필요한 것이라고는 수 리터의 물과 수 그램의 「멘델 분말」 즉 모든 원소들을 포함하고 있는 물질뿐이다.

이런 주거공간에서는 우리가 호흡하는 공기, 호흡할 때 내뿜는 습기 및 땀으로 발산되는 수분조차도 필터로 완벽하게 걸러지며, 먼지도 모두 재생된다.

필요한 전기도 각 주거공간에 비치된 세탁기 정도 크기의 나노테 크놀로지를 이용한 개인용 연료전지에서 생산되는데, 이것으로 집 전체의 조명, 난방, 냉방 등에 필요한 에너지를 충분히 공급할 수 있 다. 나노테크놀로지를 이용한 연료전지는 실내 공기 중에 있는 수 소원자들을 원료로 사용한다.

늦은 감이 있지만 신문과 잡지들도 마침내 전자정보로 대체될 것 이다. 전세계의 종이산업은 수백만 에이커의 삼림을 무참히 황폐화 시키고 있으며, 또 종이의 염색과 표백을 위해 물과 공기를 오염시 키고 있다. 이런 종이들에는 거의 대부분 쓰레기 같은 내용들이 인 쇄되며, 다음 날이면 쓰레기통에 버려진다. 이런 것들을 위해 그 모 든 자연훼손이 저질러지고 있는 것이다.

쓰레기통에는 산처럼 많은 쓰레기가 계속 쌓여가고, 이것을 어떻 게 처리해야 할지 아무도 모르는 사이에 우리에게 겨우 조금 남아 있 는 깨끗한 공간마저 오염되고 있다.

그러나 나노테크놀로지로 유지되는 자급자족 주택의 등장과 함께 이 모든 문제들이 해결될 것이다.

자급자족 주거공간에서는 에너지, 식량, 물 등의 공급이나 쓰레기 의 처리를 위해 외부의 전달시스템에 의존할 필요가 없다.

인터넷, 원거리통신 등 생활에 중요한 시스템은 각 주거공간에 설 치된 개별 안테나를 통해 연결된다.

집 자체도 생물학적 재료로 만들거나, 집 구조 속에 나노봇들을 포함시켜 만들 수도 있을 것이다.

예를 들면 마루에 깔린 살아 있는 가죽에서는 두툼하고 푹신푹신한 털이 직접 자라나는데, 계속 새로운 털을 만들어내기 위한 영양분으로서는 먼지나 낡은 털을 사용하며, 나노봇들이 끊임없이 털의 청결상태를 유지시켜 준다.

벽도 자동청소 및 수리기능을 갖추게 할 수 있으며, 원하는 대로 색깔이나 디자인을 바꿀 수가 있을 것이다.

마치 컴퓨터 화면보호기능의 패턴을 선택하듯이 벽무늬의 주제를 선택하고 또 그것을 매일 한 번씩 또는 하루에 몇 번씩도 바꿀 수가 있을 것이다.

그뿐만 아니라 벽의 색깔들이 움직이면서 그림의 모양이 계속 바뀌거나 또는 일정한 시간마다 바뀌도록 만들 수도 있을 것이다.

창문도 벽면 아무 곳에나 원하는 곳에 옮길 수가 있는데, 이것은 나노테크놀로지를 이용하면 원하는 대로 물질을 투명하게 만들 수 있기 때문이다.

당신이 어느 곳에 집을 짓기로 결정했다 하더라도 일꾼들을 고용할 필요가 전혀 없다. 당신은 그저 이런 목적에 맞게 프로그램된 나노봇 한 상자만 가져가면 된다. 나노봇들은 집을 짓기에 충분한 숫자만큼 스스로 증식하며, 토양 속의 원자들로부터 집을 구성하는 데 필요한 분자들을 조립해 당신의 집을 짓는다. 나노봇들은 현미경을 통해서만 보이기 때문에, 그것들이 집을 짓기 위해 일하는 모습은 보이지도 않는다. 당신이 볼 수 있는 것이라고는 미리 선택된 설계도에 따라 당신의 집이 마치 거대한 버섯처럼 자라나는 모습뿐이다.

또 후일 당신이 다른 곳으로 이사하기로 결정했을 때에도 아무런 문제가 없다. 나노봇들은 당신의 지시에 따라 집을 모두 해체하여 그 장소를 원래의 상태로 되돌려 놓는다. 풀이나 아름드리 나무들도 당신이 오기 전의 모습 그대로 복원된다.

이것은 마치 집으로 자라날 씨앗을 정원에 심는 것과도 같다.

거시생물학

(Macrobiology)

생명에 대한 인간의 연구는 자신과 같은 수준에 있는 생명에서부터 시작되었으며, 그것을 생물학이라고 불렀다.

생물학을 다른 말로 표현하면 생명과학, 즉 생명이 있는 것을 다루는 과학이다.

그 다음, 인간은 무한히 작은 것을 연구할 수 있는 현미경을 발명함으로써 현미경적 수준에도 단세포생물과 같은 생명체들이 존재하고 있음을 알게 되었고, 또 우리 인간도 이런 단세포생물과 거의 같은 세포로 구성되어 있으며, 다른 점이라고는 인간의 세포들은 서로 결합되어 있다는 것뿐이라는 사실도 알게 되었다.

이제 다음 단계는 거시생물학이다. 이것은 인류 자체를 개개의 인간이 하나 하나의 세포가 되는 거대한 생명체로서 연구하는 새로운 과학이다.

인류는 태아가 어머니의 자궁 속에서 성장하는 것과 거의 똑같은 방식으로 발전한다.

처음에는 유전자코드를 반씩 갖고 있는 정자와 난자가 결합하여 하나의 새로운 세포가 탄생된다. 이 최초의 세포는 「전능성(全能性)」을 갖고 있다. 즉 이 세포 속에는 간, 신장, 뇌 등 인체의 모든 기관을 만들 수 있는 정보가 들어 있다. 장차 태어날 인간에 관한 모든 정보가 이 최초의 세포 속에 들어있는 것이다. 그 다음, 처음 수주 동안 이 세포는 자신과 똑같이 전능성을 갖는 세포들로 분열된다. 그러다가 어떤 시점에 이르면 이 세포들은 간 세포, 두뇌 세포 등으로 분화되기 시작하는데, 분화된 세포들은 전능성을 상실하여 다른 기능의 세포로는 될 수가 없다.

인류도 똑같은 방식으로 시작되었다.

최초의 인간들은 식량을 구한다든지, 의복과 신발을 만든다든지, 집을 짓는다든지, 기타 생존에 필요한 모든 일들을 수행할 수 있었다.

그러나 오늘날 우리 현대사회에서는 「인간세포」들이 더 이상 모든 일들을 혼자서 하지 않는다. 대도시에 살고 있는 현대인들은 자기가 먹을 식량을 자기가 생산하지 않고, 자기가 자연에서 수확한 원료로 자기 옷을 짜지도 않고, 자기가 사냥한 동물의 가죽으로 자기 신발을 만들지도 않는다.

세포들이 각 기능에 따라 분화되어 다양한 장기들이 형성되면서,

그것들은 점점 복잡해지는 몸 속에서 함께 일해 나간다. 이와 마찬가지로 인간의 기능들도 각종 직업으로 전문화되었으며, 이에 따라 점점 복잡해지는 인류사회 속에 다양한 집단들이 생겨났다.

물론 여전히 식량을 생산하는 사람들도 있지만, 그들은 그것을 전 사회에 공급하고 대신 돈을 받는다. 그리고 그 돈으로 옷을 전문으로 만드는 사람에게서 옷을 사고, 신발을 전문으로 만드는 사람에게서 신발을 산다.

전문화는 더욱 가속되어, 일례로 어떤 의사들은 심장만을 치료하고 또 어떤 의사들은 폐 또는 뇌만을 치료하는 등 자신의 전문분야만 다루는 수준까지 진행되었다. 이것은 컴퓨터, 자동차, 항공기 등등 사회의 다른 모든 분야에서도 마찬가지인데, 이러한 공산품에 들어가는 모든 부품들은 각기 특수한 부품만을 다루는 전문가들에 의해 제조되고 있다.

그리고 태아의 기관들은 아무 때나 나타나는 것이 아니라, 정확한 순서에 따라 특정한 시간에 각 기관이 발달된다. 이와 마찬가지로 인류사회의 발전에 있어서도 정확히 결정된 순서에 따라 특정한 시간에 전문화된 각 활동이 출현한다.

이런 시간들은 세포의 증식 수, 즉 시간의 경과를 기초로 한 예정표에 따라 결정된다. 그러므로 의사들은 태아의 각 기관이 언제 발달하게 될지 정확히 알 수 있는 것이다.

이것은 인류에게도 마찬가지이다.

한 사람 한 사람의 인간은 성장 중에 있는 인류라는 거대한 태아의 몸 속에 하나의 세포이다.

그리하여 어느 날 모든 기관들이 충분히 발달되었을 때 태아는 태어날 준비가 된다. 인류라는 아기도 조만간 모든 기관들이 발달하게 되면 태어날 준비를 할 것이다.

이 책에서 우리가 탐색했던 모든 새로운 기술들은 아기인류가 탄생하기 전에 거쳐야만 할 마지막 발전단계들을 나타내고 있다.

우리는 모두 이 거대한 아기인류 속의 세포들이며, 이 세포들이 함께 모여 집단의식을 형성한다. 그러므로 하나 하나의 세포인 우리 자신이 영원한 생명을 얻게 되면 인류 전체가 또한 영원한 생명을 얻게 된다.

그리고 각성된 인간들이 서로 연결되면 그들의 개인의식이 함께 융합하여 하나의 행성적 의식이 형성되고, 이것은 무한우주의 다른 지역에 있는 다른 행성들의 행성의식과도 연결될 수 있게 한다.

그러나 발달 중에 있는 태아인류의 의식이 아직 흩어져 있을 동안에는(이것은 이제까지 항상 그래 왔으며 또한 인류가 불사에 이를 때까지 항상 그럴 것이다.) 우주의 다른 지역에 있는 다른 행성의식들과 교류할 수가 없다.

한사람 한사람이 모두 서로 다르고 또한 각자가 자신의 개성을 표현하는 것은 매우 중요하다.

왜냐하면 전체의 힘은 그 구성원들의 다양성에 비례하기 때문이다. 우리가 서로 다르면 다를 수록, 우리가 만드는 전체는 풍부하게 된다.

행성의식의 적(敵)은 평균주의자들이다. 평균주의자들은 규범에 벗어난 생각을 하는 사람들을 격렬하게 공격한다. 또한 그들은 정치적, 종교적 또는 성적인 규범에 따르지 않는 사람들을 박해한다. 인류 역사의 초기부터 낡은 종교적 도덕률을 떠받쳐온 사람들은 바로 중앙집권주의자, 보수주의자, 반종파를 표방하는 종파주의자, 그리고 몽매주의의 광신자들이었으며, 그 창시자들은 가장 나쁜 종류의 죄인들이다. 항생제를 쓰면 즉시 아이의 생명을 구할 수 있는데도 스스로를 무당이라거나 마법사라고 칭하면서 목에는 부적들을 잔뜩 매달고 춤추며 아이를 치료할 수 있는 영들을 불러오려고 헛된 노력을 계속하는 지구상에서 가장 원시적인 부족과 그들 사이에는 아무런 차이가 없다.

과학이 없다면 사람은 원시인이나 동물과 별반 다를 바 없다.

과학 중에서 가장 앞선 것은 우리가 그 일부가 되는「전체」를 연구하는 과학으로서 거시생물학이 바로 그것이다.

우리는 이 과학을 통해 우리 자신이 그 일부를 구성하는 인류라는 거대한 생명체가 어떻게 기능하는지 이해할 수 있게 될 뿐만 아니라, 무한대의 우주 속에서 인류가 수행하고 있는 역할과 우주의 다른 지역에 있는 다른 유사한 행성의식들과의 상호작용 및 아직 생명이 살고 있지 않는 다른 행성들에 새로운 인류를 창조할 수 있는 가능성에 대해서도 이해할 수 있게 될 것이다.

그리고 이 과학은 무한 속에서 인간의 진정한 위치를 이해할 수 있게 해준다. 인간이란 자신을 의식할 수 있는 물질이다.

비록 거시생물학에 의해 무한우주에 대한 논리적인 설명이 가능해지고 그것이 우리 인간의 궁극적인 호기심을 충족시켜준다고 하더라도, 이 과학의 진정한 기능은 인간들로 하여금 무한을 느끼고 경험할 수 있게 하는 것이다. 이를 위해서는 정신적 가이드들의 도움이 필요하게 될 것이다.

무한을 논리적으로 이해하려는 노력은 완전한 절망으로 끝날 수도 있다. 그러나 명상을 통해 무한을 경험하고 모든 것과 하나됨을 느끼는 것은 얼마든지 가능하다.

그렇기 때문에 거시생물학자들은 새로운 시대의 구루(산스크리트어로 「각성시키는 사람」이라는 뜻)들과 정신적 가이드들의 증가를 장려할 것이다. 그리고 이 새로운 시대는 이미 시작되었다.

죽음은 이제 과거의 일이 되고, 과학과 의식은 마침내 물리적으로 영원히 재결합하게 될 것이다. 성서에 예언되어 있는 것처럼, 우리는 결국 "신과 대등하게" 될 것이다.

이 아기우주 속에서는 한 사람 한 사람의 생각이 전체에 영향을 준다. 그렇기 때문에 우리는 매일 전체에 대해 생각하며 명상할 필요가 있다.

그리고 발달 중에 있는 태아의 어떤 세포들이 분화하여 의식을 관장하는 뇌세포가 되듯이, 어떤 인간들은 우리가 그 일부가 되는 이 거대한 존재에 의식을 가져다주는 세포가 된다.

그들이 바로 가이드라고 불리는 사람들이다. 그들은 온화하면서도 카리스마가 넘치며 거의 유전적이라 할 만큼 깊은 이타심을 갖고 있어 다른 사람들의 모범이 되므로, 사람들은 자연스럽게 그들에게 이끌린다.

그들은 자신의 개인적 이익보다 전체를 위해 좋은 쪽을 택하는 사람들이다. 처음 만나는 순간부터 당신은 그들이 당신의 행복을 매우 중요하게 생각하고 있음을 느낄 수 있다. 그들에게 가까이 다가서는 것만으로도 사람들은 그들이 자기를 이해하고 사랑하고 있음을 느낀다.

나는 지난 27년 동안 라엘리안 무브먼트를 이끌며 이러한 사람들을 양성해왔다. 현재 그들의 숫자는 전세계적으로 125명 이상이다.

이 「새로운 시대의 사제들」은 몇 가지 사명을 지니고 있다. 그들의 단기적인 사명은, 비합리적인 교리와 공포심을 이용하여 인류의 발전을 방해하며 미신을 조장해온 과거 종교들에 대한 일종의 해독제로서 과학적 이해를 확산시키는 일이다. 그리고 그들의 장기적인 사명은, 사람들이 진정한 어원적 의미의 종교를 경험할 수 있도록 이끌고 돕는 일이다. 종교란 어원적으로 「연결」을 뜻한다. 그들은 사람들이 모두 서로 연결되어 있음을 느낄 수 있도록 도와준다. 복제를 통해 영원한 생명이 가능하게 됨으로써, 거대한 아기인류가 막 태어나려 하고 있다. 그들은 우리가 모두 이 거대한 아기를 이루고 있는 하나하나의 구성원임을 인식할 수 있도록 도와준다.

당신이 이 도전에 마음이 끌린다면 나에게 연락하라. 그러면 당신은 그들을 만날 수 있다. 만약 당신의 내부에 숭고한 소명감이 솟아오름을 느낀다면, 당신은 그들의 팀에 합류할 수 있을 것이다.

결 론

우리는 지금 얼마나 놀라운 시대에 살고 있는가! 이 얼마나 큰 특권인가!

현재 인류의 문명은 과학에 의해 영원한 생명이 가능해지고 노동의 필요로부터 자유로워지는 황금시대의 바로 문턱에 와 있다. 오늘날 우리는 헤아릴 수 없이 많은 발명 및 발견이 가져다 준 다양한 혜택을 누리며 갖가지 쾌락을 즐기고 있다.

잠시 다른 생각을 접어두고, 그 모든 발명가들을 생각해보자. 그들과 동시대를 살았던 사람들은 너무나 어리석었기 때문에, 그들이 자신의 발명품들에 대해 설명했을 때 그것을 이해할 수가 없었다. 그래서 발명가들은 어리석은 동시대인들의 편견에 시달리고 조롱받았다.

내 귀에는 그 모든 근시안적인 바보들의 귀에 거슬리는 웃음소리가 생생히 들린다. 바퀴를 발명한 사람이 그의 발명품을 그들 앞에 보여주었을 때 그들은 데굴데굴 구르며 웃어댄다. 그리고는 "이런 것이 움직일 리가 없어!"라고 하며 그에게 손가락질하고 놀려댄다. 한치 코앞도 내다 보지 못하는 바보들이 바닥을 구르며 웃던 그 웃음소리의 여운이 아직도 내 귀에 남아 있다.

그들은 처음으로 수도(水道)를 만들자고 제안한 사람, 말을 타자고 제안한 사람을 비웃었다. 글씨를 처음 쓴 사람, 종이를 발명한 사람도 비웃었고, 증기기관, 전기, 세탁기를 발명한 사람도 비웃었다. 또 그들은 달여행을 제안한 사람도 비웃었다.

오늘날 우리가 일상생활에서 사용하고 있는 것들은 단 하나의 예외도 없이 처음 발명되었을 때는 모두 조롱받았다. 옷에 다는 단추, 안경, 볼펜 등 우리 주변의 모든 것들이 처음 발명되었을 때 근시안적인 바보들은 배를 잡고 웃어대며 그 발명자들을 조롱했다.

그러나 오늘날 우리가 살고 있는 이 시대는 천재들이 그런 바보들에게 설욕하는 시대이다. 마침내 「혁신(innovation)」이라는 개념이 가치있는 성품이 된 것이다. 사람들은 이제 혁신을 추구하고, 혁신을 장려하며, 심지어 혁신을 발전시키기 위한 정부부처까지 생겨났다.

"옛날부터 언제나 이런 방식으로 해왔기 때문에 그대로 하면 되는 거야"라는 지독한 집단적 어리석음이 마침내 "과거 어리석었던 조상들은 이런 방식으로 해왔지만, 더 좋은 방법이 반드시 있을 거야"라는 새롭고 멋진 생각으로 바뀌었다.

그러나 우리는 여전히 주의하지 않으면 안된다. 왜냐하면 극히 최근까지도 훌륭한 발명품들이 기존 사고의 틀을 벗어나지 못한 사람들로부터 무시당하고 있기 때문이다. 그런 발명품들을 조롱하며 무시해버린 대가로 그들은 큰 손해를 보기도 한다.

좋은 예로서 수정시계의 발명을 들 수 있다. 수정시계가 처음 발명되었을 때 스위스 시계업계는 그것을 바보같은 아이디어라고 거부했지만 일본인들이 그것을 받아들였다. 그 결과 일본의 시계산업은 전세계 시계의 80%를 점유하게 되었는데, 이 점유율은 수정시계 발명 이전까지만 해도 스위스가 차지하고 있던 것이었다. 그리고 아이러니컬하게도 그 수정시계의 발명자는 바로 스위스인이었다! 발명가의 말에 귀기울이는 대신 그를 비웃은 대가로 수천 개의 스위스 시계회사들이 도산하고 헤아릴 수 없이 많은 사람들이 직장을 잃었다. 그것은 자업자득이다!

복사기, 컴퓨터, 전화, 자동차, 전구 등이 발명되었을 때도 마찬가지였다.

만약 이 책을 읽고 있는 당신이 젊은 사람이라면 어떠한 경우에라도 "사람들은 과거부터 언제나 이런 방식으로 이것을 해왔다. 그러나 나보다 먼저 살다간 원시적인 바보들이 하던 것보다 훨씬 더 좋은 방법이 반드시 있을 것이다"라고 말하는 습관을 길러야 한다.

그렇게 하면 당신은 성공할 가능성이 매우 높다. 그러나 당신이 그렇게 하지 않고 "옛날 사람들도 결국 그토록 어리석지는 않았어"라고 말하며 좋게만 생각한다면 당연히 다른 사람들이 더 좋은 방법을 알아낼 것이다. 그것이 무엇이든 모든 것에는 개선할 수 있는 방법이 있다. 개선하는 것은 현재 가능할 뿐만 아니라 동일한 사물이라도 영원히 개선해 나갈 수 있다.

이제 막 시작된 새로운 시대에는 젊은 두뇌들이 우리 조상들로부터 물려받은 모든 문화적 유산에 대해 의문을 품어야 하며, 그와 동시에 우리의 가장 큰 적(敵)은 부모들과 교육자들에 의해 주입된 사고방식이라는 사실을 인식해야 한다.

발명가라는 것은 통상 혁명적이라는 것을 의미한다. 혁명적이 되지 못한다면 우리는 어떤 일에 대해서도 그것을 변화시키거나 개선할 수 없다.

신인류에게 필요한 또 하나의 자질은 게으름이다.

모든 위대한 발명들은 다른 사람과 동일한 결과를 다른 사람만큼 노력하지 않고 거두기를 원했던 가장 게을렀던 사람들로부터 나온 작품들이다.

멀리 떨어진 우물에서 물을 길어오는 것보다 수도에서 물을 받는 것이 훨씬 힘이 덜 든다. 보일러에서 뜨거운 물이 바로 나온다면 우리 손으로 직접 나무를 베어다가 불을 붙여 물을 데우는 것보다 힘을 훨씬 덜 소모해도 된다. 세탁기가 있으면 빨래하러 강까지 먼 길을 갈 필요가 없다. 자동차가 발명된 덕분에 우리는 항상 말을 보살펴고 쇼핑하러 가고 싶을 때마다 말에게 먹이를 주어야만 하는 일로부터 해방되었다. 그리고 휴대용 전자계산기는 손과 두뇌를 이용하여 해야만 했던 모든 복잡하고 긴 계산으로부터 우리를 구해 주었다.

그러나 유대 – 기독교적 전통은 "이마에 땀을 흘리지 않고 일용할 빵을 얻는 것"은 부도덕한 일이며 또한 가능한 한 많은 수고를 통해서 빵을 얻어야 한다고 가르쳐왔다.

다행히 오늘날에는 소수의 지독한 보수주의자들을 제외하고는 더 이상 아무도 그렇게 하고 싶다고 생각하지 않는다.

끝없는 쾌락 속에서 삶을 즐기며, 아무도 노동할 필요가 없고, 원하지 않는 일을 하느라 피곤해질 필요도 없는 진정한 문명세계가 처음으로 탄생하려 하고 있다. 이러한 세계의 탄생을 앞당기기 위해서는 젊은 세대가 위에서 말한 두 가지 기본적인 자질을 배양해 나가지 않으면 안된다. 과거의 기술과 관습에 끊임없이 의문을 제기하는 자질과 게으름의 자질, 이 두 가지야 말로 임박한 새로운 세계의 탄생을 앞당기기 위해 필요한 것들이다. 게으름은 개인을 위한 것이지만 사회에 대해서는 그것이 에너지의 절약으로 연결된다.

오늘날 우리 사회는 자원을 아끼고 에너지 소비를 최소화하면서 더 많은 일을 할 수 있는 방법을 연구하고 있으며, 이것은 특히 산업계에서 더욱 그러하다. 이와 마찬가지로 우리의 몸도 최소의 에너지를 사용하여 최대의 능력을 발휘하려고 노력한다. 모든 생물학적 균형은 게으름을 기초로 하여 성립되어 있다고 말하고 싶을 정도이다.

과학자들은 동물들의 에너지 운용이 초효율적이라는 사실에 대단한 경외(敬畏)를 나타내고 있다. 예를 들면 동일한 중량으로 대비할 경우 인간이 만든 어떠한 비행기도 새의 에너지 효율에는 그 근처에도 갈 수 없다.

그러나 주의해야 할 점이 있다! 「게으름」을 「무기력」과 혼동해서는 안된다! 게으름이 창조성과 생산성의 동기가 될 수 있는 반면 무기력은 철저하게 비생산적이며 두뇌를 위축시킬 따름이다.

게으름은 보다 적은 노력으로써 동일한 결과에 도달하려고 노력하는 일이다. 그렇지만 「완전함」이란 결코 도달할 수 없는 곳이다. 바로 이 점이 발명가들에게 끊임없이 동기를 부여하고 있다.

나노테크놀로지에 의해 사람들이 더 이상 노력하지 않아도 되는 시대가 올 것이다. 그러므로 미래의 사회는 쾌락의 사회가 된다.

물론 당신이 원한다면 노력할 수도 있겠지만, 그것은 필요에 쫓겨서 하는 것이 아니라 순수한 쾌락을 위해 하는 것이다.

지금이라도 당신은 친구를 만나기 위해 차를 타고 가는 대신 한 시간 동안 걸어서 갈 수가 있다. 아무도 그것을 말리지 않는다. 그것은 다른 방법이 없기 때문이 아니라 당신 자신이 그렇게 하기로 선택했기 때문이다.

예술작품을 창조하기 위해 많은 에너지를 쏟는다든지 과학연구를 위해 노력할 수도 있지만, 그것 또한 자신의 선택에 따라 순수한 기쁨을 얻기 위해 할 것이다.

춤을 춘다거나 비디오게임을 한다거나 사랑을 나누는 일은 상당한 노력이 필요하다. 그러나 그것은 얼마나 재미있는 일인가!

이것이 바로 우리에게 예비되어 있는 세계이다. 모든 일에 있어서 항상 혁명적이 되라! 이렇게 함으로써 당신은 그 세계를 앞당기는 데 공헌할 수 있다.

만약 당신이 진정으로 자신의 삶을 즐기는 사람이라면 그리고 그 즐거움이 영원히 계속되기를 바란다면, 당신은 그 즐거움이 중단되는 것을 용납해서는 안되며 영원한 생명을 누릴 권리를 주장해야만 한다. 그러기 위해서는 낡은 유대 – 기독교적 패러다임에 집착하고 있는 늙은 국회의원들에 도전하여 정치계에 들어가야 한다. 그리고 가장 기본적인 인간의 권리, 즉 생명에 있어서 가장 중요한 가치인 「결코 죽지 않을 권리」를 허용하는 새로운 법률을 만들어야 한다.

미래의 세대를 위한 법률에 대해 논하는 자들은 이미 죽음을 받아들인 사람들이다. 실제로 그들의 머리 속은 이미 죽어 있다. 그러나 당신은 아직 살아 있고, 앞으로도 계속 살아 있기를 원하고 있다.

도대체 무슨 권리로 현재 살아 있는 사람들의 살 권리보다 아직 태어나지도 않은 사람들의 권리가 더 중요하다고 말하는가?

우리가 죽음을 피할 수 있는데도 왜 누구의 이름으로 죽음을 받아들여야만 하는가?

그들이 주장하는 대로 인간의 생명은 신성하다. 그러므로 만약 우리가 영원한 생명에 도달할 수 있는 기술을 갖고 있으면서도 그것을 사용하지 않는다면 이것이야말로 생명의 신성함을 부정하는 행위가 된다.

앞에서도 언급한 바와 같이 그들이 죽기를 원한다면 죽으면 된다! 그렇게 하면 죽기를 원하지 않는 다른 사람들이 공간을 보다 여유있게 사용할 수 있을 것이다.

그러나 문제는 그들이 영원한 생명을 원하는 사람들을 포함하여 모든 사람들에게 똑같이 죽음을 강요하고 싶어한다는데 있다.

그들이 그렇게 하기를 원하는 이유는 다른 사람들은 죽지 않고 영원히 살기를 선택한 것을 알면서 자기는 죽는다는 것이 너무나 어려운 일이기 때문이다.

이것은 순전히 질투이다.

원하는 대로 살게 하고, 원하는 대로 죽게 하라. 이것이 진정한 지혜이다.

그러므로 죽기를 원하는 사람들은 살기를 원하는 사람들이 살게 두어야만 한다. 그런 마음을 가지는 것이 아무리 어렵더라도 그렇게 해야 한다. 죽음은 그들이 선택한 것이며, 그것은 그들의 자유이다. 마찬가지로, 영원히 사는 것은 우리가 선택한 것이며, 그것은 우리의 자유이다.

우리는 매순간 자신의 삶을 즐기는 법을 배워야 한다. 전신의 모든 모공 하나 하나를 통해 기쁨을 즐기며 동시에 자신의 내부에서,

다른 사람들에게서, 주위 환경에서 일어나고 있는 모든 작은 변화들을 의식해야 한다. 모든 것이 영원한 변화의 세계에 있음을 의식해야 한다.

그렇게 함으로써 영원한 삶은 가슴뛰는 일이 된다.

오늘 당신의 삶을 영원한 생명을 위한 훈련으로 생각하라. 이것이야말로 영원히 행복한 존재가 되기를 원하는 당신이 참으로 갖추어야 할 자세이다.

달라이 라마(Dalai Lama) 또한 이렇게 말했다. "컴퓨터 속에서 영원히 사는 것이 가능하다면 그것을 긍정적인 카르마(karma)로 생각할 수 있다."

당신이 진실로 원한다면 죽을 필요가 없다는 사실을 기억하라. 모든 진정한 정신적 지도자들과 마찬가지로 나의 사명은 진정한 행복이 무엇인지 가르침으로써 사람들에게 영원한 생명의 희망을 주는 것이다.

라엘

복제와 과학연구의 순수성을
옹호하기 위한 선언문

세계 석학 31인의 인간복제지지 선언문

아래 서명한 우리들은 고등동물들의 복제연구에 중요한 진전이 있었다는 발표를 환영한다. 금세기 동안에 물리학, 생물학 및 행동과학은 우리 인간이 새로운 중요한 가능성에 도달할 수 있게 만들었다. 그리고 이런 진보들은 결국 인류복지의 향상을 위해 지대한 공헌을 했다. 새로운 기술들은 당연히 윤리적 의문들을 불러일으켰지만, 인류사회는 대체로 그러한 의문들에 공개적으로 대응하고 공동의 복지를 향상시킬 수 있는 해답을 추구하려는 의지를 보여왔다.

고등동물들의 복제가 윤리적 우려를 불러일으키고 있다. 복제의 혜택을 최대한 활용할 수 있게 함과 동시에 그것의 남용을 방지하기 위한 가이드라인을 만들 필요가 있다. 그러한 가이드라인은 각 개인의 자율성과 선택을 가능한 한 최대로 존중하는 것이어야 한다. 그리고 과학연구의 자유와 순수성을 방해하지 않도록 모든 노력을 다해야 한다.

어느 누구도 인간을 복제할 수 있는 현실적인 가능성을 증명한 바가 없다. 그럼에도 불구하고 현재의 실적들이 인간복제를 향한 길을 열어줄지 모른다는 가능성만으로 빗발같은 항의를 야기했다.

우리는 미국의 클린턴 대통령, 프랑스의 쟈크 시라크 대통령, 영국의 전 수상 존 메이저, 로마 교황청 등 다양한 곳으로부터 제기되고 있는 바와 같이 복제연구를 지연시키거나 그에 대한 자금지원을 금지하거나 연구를 중단시키라는 광범위한 요구에 대해 우려한다.

우리는 이성이야말로 인류가 부딪치는 문제들을 풀 수 있는 인류의 가장 강력한 도구임을 믿는다. 그러나 복제에 대한 최근의 홍수같은 공격에서는 이성적인 주장을 찾아보기가 희귀한 일이 되어버렸다.

비판자들은 연구자들이 "인간이 알아서는 안되는" 의문에 감히 계속 도전한다면 끔찍한 결과를 초래할 것이라고 예언하며, 이카루스의 신화나 메리 셸리의 프랑켄슈타인에 비유하는 것을 즐긴다.

이와 같은 가장 악랄한 비난의 이면에는 인간복제가 과거 어떠한 과학적 또는 기술적 발전과 관련해서 겪었던 것보다도 더욱 심오한 도덕적 논쟁을 제기할 것이라는 가정이 깔려 있는 듯 하다.

인간복제가 어떤 도덕적 논쟁을 제기할 것인가? 어떤 종교들은 인간이 다른 포유류들과는 근본적으로 다르다고 가르친다. 인간에게는 신이 부여한 불멸의 영혼이 있으며, 그것이 다른 생명체들과는 비교할 수 없는 가치를 인간에게 준다는 것이다.

인간의 본성은 유일하고 신성한 것으로 간주되고 있다. 따라서 이 "본성"을 변화시킬 잠재적 위험이 있는 과학적 진보들은 격렬한 반대에 부딪치게 된다.

그러한 생각들은 교리에 깊은 뿌리를 두고 있기 때문에, 우리는 인류가 새로운 생명공학의 혜택을 누리도록 허용할 것인가 말 것인가를 결정하는데 이 생각들을 적용하는 것에 의문을 품고 있다.

과학체계로 규정할 수 있는 한 호모사피엔스는 동물왕국의 일원이다. 인간의 능력은 다른 고등동물들에서 발견되는 능력보다 어느 정도 다르게 나타나고는 있지만, 본질적으로 다른 것은 아니다. 사고, 감각, 열정, 희망 등 인간성의 풍부한 레퍼토리는 전기화학적인 두뇌작용으로부터 오는 것으로 여겨지며, 기계적으로는 발견할 길이 없는 방식으로 작동하는 불멸의 영혼으로부터 오는 것이 아니다.

따라서 복제에 관해 현재 진행되고 있는 논쟁에서 제기되어야 하는 시급한 의문은 "초자연적 또는 영적인 존재를 옹호하는 사람들이 이 논쟁에 진실로 의미있는 공헌을 할 자격이 있는가" 하는 점이다.

물론 누구든지 자기 의견을 말할 권리가 있다. 그러나 우리는 막대한 잠재적 혜택이 있는 연구가 단지 그것이 어떤 사람들의 종교적 신념과 상충한다는 이유 때문에 억제되는 것이야말로 매우 실질적인 위험이라고 믿는다.

이와 유사한 종교적 반대들이 해부, 마취, 인공수정, 기타 우리 시대에 있었던 모든 유전학적 혁명에 있어서도 제기된 바 있었으며, 그럼에도 불구하고 이러한 발전들로부터 막대한 혜택이 생겨났음을 인식하는 것이 중요하다. 인류의 신비적인 과거에 뿌리를 둔 인간 본성에 대한 관점이 복제에 관한 도덕적 결정을 내림에 있어서 우리의 일차적인 기준이 되어서는 안되는 것이다.

우리는 인간이 아닌 고등동물들을 복제하는 데 아무런 본질적인 윤리적 딜레마를 찾을 수가 없다. 마찬가지로, 장차 인간세포의 복제 및 나아가 인간을 복제하는 데까지 발전해 나간다고 해도 그것이 인간의 이성으로서는 해결할 수 없는 도덕적 곤경을 초래하지 않을 것이라는 점이 우리에게는 명백하다.

복제에 의해 제기된 도덕적 논쟁들은 핵에너지, DNA 재조합, 컴퓨터 암호화 등의 기술들과 관련해서 우리가 이미 겪은 적이 있는 의문들보다 더 크지도 않을 뿐만 아니라 더 심각하지도 않다. 단지 이것이 새롭다는 것뿐이다.

역사적으로 볼 때 시계를 되돌리려 하거나 이미 존재하는 기술의 적용을 제한하거나 금지하려드는 러다이트(산업혁명 당시 실직을 염려하여 기계파괴운동을 일으킨 노동자단체)의 의견이 현실적이거나 생산적이라고 증명된 적이 결코 없다. 복제의 잠재적 혜택은 너무나 거대하기 때문에, 만약 고대의 신학적 망설임이 러다이트의 복제거부로 이어진다면 그야말로 비극이 될 것이다.

우리는 복제기술의 지속적이고도 책임있는 발전을 요구하며, 또

한 전통주의자들과 몽매주의자들의 관점이 유익한 과학적 발전을
엉뚱하게 방해하지 못하도록 보장할 수 있는 광범위한 합의를 요구
한다.

http://www.secularhumanism.org/library/fi/cloning_declaration_17_3.html

　선언문의 서명자들은 국제 휴머니즘 아카데미의 계관 휴머니스트
들이다.
* Pieter Admiraal, 의사, 네덜란드
* Ruben Ardila, 국립콜럼비아대학교 심리학교수, 콜럼비아
* Sir Isaiah Berlin, 옥스퍼드대학교 명예교수, 영국
* Sir Hermann Bondi, 왕립학회 회원, 캠브릿지대학교
　　　처칠대학 전 학장, 영국
* Vern Bullough, 캘리포니아주립대학교 노스릿지분교 간호학
　　　초빙교수, 미국
* Mario Bunge, 맥길대학교 과학철학교수, 캐나다
* Bernard Crick, 런던대학교 버크벡대학 명예철학교수, 영국
* Francis Crick, 노벨상 수상자, 생리학, 소크연구소, 미국
* Richard Dawkins, Charles Simionyi, 옥스퍼드대학교
　　　대중이해과학교수, 영국
* Jose Delgado, 신경생물학연구센터 소장, 스페인
* Paul Edwards, 사회연구를 위한 뉴스쿨 철학교수, 미국
* Antony Flew, 리딩대학교 명예철학교수, 영국

* Johan Galtung, 오슬로대학교 사회학교수, 노르웨이
* Adolf Grubaum, 피츠버그대학교 철학교수, 미국
* Herbert Hauptman, 노벨상 수상자, 뉴욕주립대학교 버팔로
  분교 생물물리학교수, 미국
* Alberto Hidalgo Tunon, 스페인철학학회 회장, 스페인
* Sergei Kapitza, 모스크바 물리학 및 기술연구소 의장,
  러시아
* Paul Kurtz, 뉴욕주립대학교 버팔로분교 명예철학교수, 미국
* Gerald A. Larue, 서던캘리포니아대학교 로스앤젤레스분교
  고고학 및 성서학 명예교수, 미국
* Thelma Z. Lavine, 죠지메이슨대학교 철학교수, 미국
* Jose Leite Lopes, 브라질물리연구센터 소장, 브라질
* Taslima Nasrin, 작가, 의사, 사회비평가, 방글라데쉬
* Indumati Parikh, 개혁활동가, 인도
* Jean-Claude Pecker, 프랑스대학 과학아카데미
  명예천체물리학교수, 프랑스
* W. V. Quine, 하버드대학교 명예철학교수, 미국
* J. J. C. Smart, 아델라이드대학교 철학교수, 호주
* V. M. Tarkunde, 개혁활동가, 인도
* Richard Taylor, 로체스터대학교 명예철학교수, 미국
* Simone Veil, 유럽의회 전 의장, 프랑스
* Kurt Vonnegut, 소설가, 미국
* Edward O. Wilson, 하버드대학교 명예사회생물학교수, 미국

미국 의회에서 행한 라엘의 연설문

조사감독분과위원회 의장
James C. Greenwood 귀하

나는 나의 증언을 다른 행성들에도 생명체가 있다는 말을 했다고 4세기 전 카톨릭 교회에 의해 사형선고를 받고 산 채로 불에 태워졌던 지오다노 브루노에게 바치고 싶습니다.

나는 여기 전세계 31 명의 최고 과학자들과 철학자들이 서명한 선언문을 가지고 있는데, 이분들 중에는 DNA 구조의 공동 발견자 중 한 사람인 프랜시스 크릭 및 많은 노벨상 수상자들이 포함되어 있으며, 그들은 인간복제의 자유를 과학의 자유의 일부로서 지지하고 있습니다.

왜 나는 브리짓트 봐셀리에 박사에게 최초의 인간복제회사를 미국에 설립하라고 요청했을까요?

왜냐하면 미국은 자유의 나라로서 전세계의 모델이 되는 헌법을 가지고 있으며, 또한 여러분의 제도 중에서 가장 놀라운 보석인 최

고재판소를 갖고 있기 때문입니다. 최고재판소는 미국의 헌법이 존
중받도록 보장해줄 뿐만 아니라, 미국 시민들이 자신의 정부와 국회
의원들에게 반대할 수 있는 자유까지도 보장해 줍니다.

비록 인간복제가 금지된다고 하더라도 최고재판소는 과거 시험관
수정(IVF) 문제에서 그랬던 것처럼, 그러한 법률이 헌법에 위배되기
때문에 그것을 취소시킬 것이라고 나는 확신하는 바입니다.

오늘날 시험관수정 덕분에 20만 명의 어린이들이 살아 있습니다.
만약 시험관수정 금지법이 계속 시행되었더라면, 이 20만 명 어린
이들의 생명은 종교권력의 압력에 의해 부정되어 현재 존재하고 있
지 않을 것입니다. 시험관수정이 합법화되기 전에도 반대자들은 이
방법이 괴물이나 기형아들을 태어나게 할 것이라고 예언했습니다.

만약 100년 전에 종교세력들이 과학의 자유를 금지하는 법안을
통과시킬 수 있었다면, 오늘날 우리는 항생제, 수술, 수혈, 장기이
식, 백신, 자동차, 전기, 컴퓨터, 비행기 등등의 혜택을 누리지 못하
고 있을 것입니다.

과학을 중단시키는 것은 인류에 대한 범죄입니다.

만약 그런 발견들이 100년 전에 금지되었다면, 30억의 사람들은
태어난지 얼마 되지 않아 죽어버려 결코 삶을 즐길 수 없었을 것입니
다. 그들 중에는 여러분의 부모 또는 여러분 자신이 포함되어 있을
지도 모릅니다. 우리들 중 적어도 90%는 과학의 혜택 덕분에 오늘
까지 아직 살아 있다고 말할 수 있을 것입니다.

30억 명이라면 이것은 히틀러와 나폴레옹뿐 아니라 인류에 대한 그 어느 범죄자가 죽인 사람들보다도 많은 숫자입니다.

오늘 여러분의 손에는 현재 살아 있거나 미래에 살게 될 수십억 명의 생명이 달려 있습니다.

여러분이 수십억 명의 생명을 구한 영웅으로 기억될 것인가, 아니면 과학의 발전을 지연시킴으로써 질병치료의 가능성과 새로운 생명 또는 영원한 생명을 부정한 인류에 대한 범죄자로 영원히 기억될 것인가는 여러분의 선택에 달려 있습니다.

여러분은 지연시키는 일 밖에는 할 수가 없습니다. 왜냐하면 다행스럽게도 그 무엇이든 과학을 중단시킬 수는 없으므로, 인간복제는 결국 언제 어디선가에서 실현될 것이기 때문입니다. 그러나 법은 연구를 지연시킬 수가 있고, 그로 인해 고통받는 것은 대중들입니다.

그리고 바로 여러분이 그 지연에 대해 책임을 져야 하며, 그로 인해 발생되는 죽음과 고통들에 대해서도 책임을 져야 할 것입니다.

이런 죽음과 고통은 또한 여러분 자신의 것이 될 수도 있습니다. 왜냐하면 국회의원들이라고 해서 갑자기 찾아오는 질병에 면역을 갖고 있지는 않으며 또한 여러분의 자녀들이나 손자들도 그렇기 때문입니다.

인간복제에 반대하는 종교인들은 낙태나 수혈 또는 수술을 거부할 자유를 갖고 있는 것과 똑같이 자기 자신이나 자기 자녀들의 복제를 거부할 자유를 갖습니다.

인간복제는 우리들이 영원한 생명에 도달하는 것을 가능하게 만들어 줄 것입니다.

인간복제와 영원한 생명을 포함한 과학발전의 열매를 즐기기를 원하는 사람들이 그 혜택을 누리는 것은 그들의 권리입니다.

종교와 미신은 서로 다를 바 없는 것으로서, 만약 종교와 미신이 과학을 지배하고 있다면 우리는 아직까지도 암흑시대에 살고 있을 것입니다.

위대한 미국 헌법에는 종교의 자유가 포함되어 있는데, 이것은 또한 무신론자가 될 수 있는 자유, 즉 신은 존재하지 않는다는 것을 믿고 아무런 도덕적 제약없이 과학의 혜택을 누릴 수 있는 자유를 뜻하기도 합니다.

우리 라엘리안들은 과학이 우리의 종교가 되어야만 한다고 믿습니다. 왜냐하면 종교와 미신이 사람들을 죽이는 반면 과학은 생명을 살리기 때문입니다.

과학은 미신과 초자연적인 믿음을 깨뜨립니다.

바로 이 때문에 종교는 항상 과학과 진보의 적이 되어 왔으며, 또 다시 온 힘을 다해 과학을 저지하려고 노력하고 있는 것입니다.

인간복제의 혜택을 받기를 원하는지 원하지 않는지 결정하는 것은 사람들의 자유에 맡겨져야만 합니다.

　　현재 우리는 의료과실로 사망한 10 개월 된 아기를 복제하고 있는데, 복제는 이처럼 아기들에게 제 2 의 삶의 기회를 주는 것이므로, 인간복제의 합법화는 다시 태어나지 못할 아기들의 권리를 보호하게 될 것입니다.　여러분의 사랑하는 자녀나 손자가 그럴 수도 있을 것입니다.　그들을 생각해 보시기 바랍니다.

　　국회의원들은 암흑시대 세력과 미신의 공범자들이 되어서는 안됩니다.　그렇게 한다면 그들은 역사에 의해 심판받을 것입니다.

　　인간복제는 또 다른 위대한 발견을 향한 첫 단계입니다.　그것은 인류의 창조자들인 엘로힘이 지구상에 우리들을 창조했을 때 그랬던 것처럼, 완전한 형태의 인공적인 생명을 창조하는 일입니다.

　　인간복제는 사람들이 신이라고 부르는 존재의 뜻에 거스르는 일이 아닐 뿐만 아니라, 많은 다른 종교 지도자들이 주장하고 있는 것처럼 우리가 인간복제 방법을 발견하고 그것을 이용하는 것은 창조자들의 계획 속에 들어 있으며, 그럼으로써 우리는 성서에 쓰여져 있는 바와 같이 창조자들과 대등하게 되는 것입니다.

2001 년 3 월 28 일

참고문헌

복제분야의 발전
● 인간복제
http://www.humancloning.org/firsthumanclone.htm

● 노아의 방주
http://www.egroups.com/message/rael-science-select/686?&start=682

● 영국이 인간복제를 수용하다
http://www.egroups.com/message/rael-science-select/655?

● 복제의 별들
http://news.bbc.co.uk/low/english/sci/tech/newsid_437000/437391.stm
http://dailynews.muzi.com/cgi/lateline/news.cgi? p=62546&l=english&
http://www.p-i.com/national/pigs15.shtml
http://www.egroups.com/message/rael-science-select/649?&start=627

● 사자의 부활
http://www.globeandmail.com/offsite/Science/19991023/UMAMMN.html
http://www.discovery.com/exp/mammoth/990911dispatch.html
http://www.egroups.com/message/rael-science-select/420?&start=652

● 조로는 없다
http://www.egroups.com/message/rael-science-select/677?&start=652

● DNA 보존 서비스
http://www.humancloning.org/dnaaustralia.htm
http://www.savingsandclone.com/

● 새로운 기술로 복제된 일본의 송아지들
Le Figaro Magazine.Le 5 janvier 2000.

● 복제 쇠고기를 저녁식사로?
http://www.abcnews.go.com/sections/science/DailyNews/clone_beef990909.html

생물학의 발견들
● 그리고 인간이 창조되었다…
http://www.abcnews.go.com/sections/living/Bioethics/bioethics.html
http://news.bbc.co.uk/hi/english/sci/tech/specials/anaheim_99/newsid_262000/262025.stm
http://www.sunday-times.co.uk/news/pages/sti/00/01/23/stinwenws01049.html?999

192

● 인간게놈 해독 : 임무가 완성되다!
http://www.abcnews.go.com/sections/living/Bioethics/bioethics.html
http://news.bbc.co.uk/hi/english/sci/tech/specials/anaheim_99/newsid_262000/262025.stm
http://www.sunday-times.co.uk/news/pages/sti/00/01/23/stinwenws01049.html? 999

● 영원으로 향한 길
http://www.sciencedaily.com/releases/1999/08/990831080844.htm
http://www.egroups.com/message/rael-science-select/552
http://www.egroups.com/message/rael-science-select/627?

● 예외적으로 긴 수명을 지닌 변종쥐
Le Figaro Magazine,19 novembre 1999

● 살인범의 두뇌 : 의학적으로 병적인 두뇌
http://www.abcnews.go.com/sections/living/lnYourHead/allinyourhead.html

● 가상 식물
http://news.bbc.co.uk/hi/english/sci/tech/newsid_771000/771145.stm

● 잠자는 뉴런 깨우기
http://news.bbc.co.uk/hi/english/health/newsid_447000/447973.stm

● 뼈와 각막의 배양
http://news.bbc.co.uk/hi/english/health/newsid_719000/719673.stm
http://www.egroups.com/message/rael-science-select/585?

유전자변형 생명체
● 소개
http://www.egroups.com/message/rael-science-select/440?
http://news.bbc.co.uk/hi/english/sci/tech/newsid_482000/482467.stm

● 유전자변형 언어
http://news.bbc.co.uk/hi/english/sci/tech/newsid_708000/708927.stm

● 제3세계 국가들을 위한 해결책?
http://www.egroups.com/message/rael-science-select/605?&start=597

● 3도 화상 환자의 치료법
http://www.wired.com/news/technology/0,1282,20874,00.html

● 유전자조작에 의해 가능한 보다 높은 지성
http://www.egroups.com/message/rael-science-select/397?&start=395
Building a Brainer Mouse,Scientific American,April2000.pp.62-68
Mickey Mouse,Ph.D.Scientific American,November 1999.p. 30.

● 쾌감을 위한 유전자변형 생명체들
http://www.egroups.com/message/rael-science-select/498?&start=470

● 물을 달라!
http://news.bbc.co.uk/hi/english/sci/tech/specials/sheffield_99/newsid_446000/446837.stm

● 원숭이와 해파리의 결합
Le Figaro Magazine,le 24 decembre 1999

신기술
● 빛의 속도
http://www.sciencedaily.com/releases/1999/10/991005114024.htm
http://news.bbc.co.uk/hi/english/sci/tech/newsid_655000/655518.stm

● 컴퓨터
Quebec Science,Volume 38,numero 7,Avril 2000,p.30.

● 맹인에게 전자눈을
http://news.bbc.co.uk:80/low/english/sci/tech/newsid_606000/606938.stm

● 버그가 가득한 개, 아이보
Le Figaro Magazine,le 6 novembre 1999.

우주의 거주자들
● 미스터리 써클
http://www.egroups.com/message/rael-science-select/377?&start=364

● 곧 실현될 꿈?
http://www.egroups.com/message/rael-science-select/456?

● 새로운 행성
http://www.egroups.com/message/rael-science-select/457

● 접촉을 위한 탐색
http://www.egroups.com/message/rael-science-select/390?
http://www.egroups.com/message/rael-science-select/407?
http://www.egroups.com/message/rael-science-select/671?
http://www.egroups.com/message/rael-science-select/356?

창조의 아름다움
● 모기의 코
http://news.bbc.co.uk/hi/english/sci/tech/newsid_426000/426655.stm

● 레즈비언 곤충들
http://news.bbc.co.uk/hi/english/sci/tech/newsid_481000/481394.stm

● 무한소를 보는 코
http://www.aibs.org/biosciencelibrary/vol46/sep.96.cover.info.html

성과 감각
● 성적인 인간사회
www.sexuality.org

● 성의 화학적 신비
Le Figaro Magazine:Le 4mars 2000.

● 젊은이들은 잘못 알고 있다
http://dailynews.yahoo.com/h/nm/19991018/hl/sex9_1.html

● 마스터베이션 기념일
http://www.egroups.com/message/rael-science-select/215?

명상과 평화
● 명상은 심장병을 예방한다
http://www.abcnews.go.com/sections/living/InYourHead/allinyourhead_56.html
http://www.egroups.com/message/rael-science-select/637

● 장수를 원하면 웃어라!
http://www.egroups.com/message/rael-science-select/622?
Le cas de la Grece Antique,La Recherche Special Vivre 120 ans,Juillet/Aout1999

● 지구평화의 날
http://www.egroups.com/message/rael-science-select/670?

● 아옴 명상의 효과가 과학적으로 증명되다
Sang Yuel Choi(Guide national en Coree)

● 고대 그리스의 경우
La Recherche Special Vivre 120 ans,Juillet/Aout 1999,p.90

라엘리안 무브먼트의 공식 사이트

www.rael.org
www.clonaid.com
www.subversions.com
www.ufoland.com

---

rael-science 에 관한 안내

rael-science 는 최신과학기사를 엄선하여 구독자에게 배달하는 무료 e-mail 서비스입니다. 기사는 대부분 영어로 편집됩니다.

구독신청은 다음 주소로 빈 e-mail 을 보내면 됩니다. 빈 e-mail 을 발송하는 것이 불가능한 경우에는 아무 단어나 적어 보내면 됩니다. 구독취소도 같은 주소로 연락합니다.

rael-science-select-subscribe@egroups.com (영어)
rael-science-francais-subscribe@egroups.com (불어)

라엘의 다른 저서들

전세계 24 개국어로 번역되어 100 만부 이상 팔린 책

우주인의 메시지 1

인간은 생명과학으로 영원히 살 수 있다. 우리는 돈이 필요없는 세계를 만들 수 없을까? 인류의 과거는 어떠했을까? 미래는 어떻게 될까? 이것은 우주인이 당신에게 주는 진실한 메시지이다.

우주인의 메시지 2

가장 빈번하게 제기되는 질문과 새로운 메시지의 내용은 무엇인가?

- 각 8,000 원 -

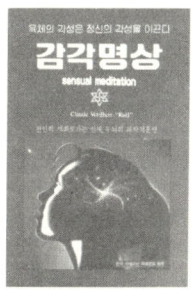

감각명상

감각명상은 우주인 엘로힘으로부터 전수받은 마음을 여는 과학적인 명상법으로서, 감각에 의해 전달되는 화학반응이 일으키는 두뇌와 신체의 지각능력을 개선시키는 지침서이다.

- 6,000 원 -

천재정치

21세기의 새로운 문명을 대비한 정치형태 및 미래예측에 대한 지침서이다. 21세기는 지성에게 권력을 위임하는 선택적 민주주의인 천재정치가 펼쳐질 것이다.

- 6,000 원 -

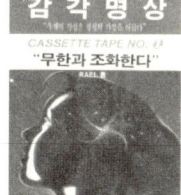

감각명상테이프 1, 2

명상은 무한과 조화를 이룰 때 최고의 수준에 도달하며, 이때 당신의 창의력은 극대화된다.

1 번 명상테이프:
무한과 조화한다.

2 번 명상테이프:
생체리듬을 의식한다.

- 각 5,000 원 -

발성명상테이프 1

소리와 의식으로 두뇌의 일정부분을 진동시켜 당신의 세포를 활성화할 수 있다.

- 각 5,000 원 -

위의 책들은 전국 각 서점에서 직접 구입할 수 있습니다. 책구입 및 라엘리안 무브먼트에 관한 자세한 정보는 아래 사이트에 있습니다.

www.rael.org

각국 라엘리안 무브먼트의 주소

라엘이 주최하는 세미나에 참가하기를 원하는 사람은
한국 라엘리안 무브먼트에 연락하시기 바랍니다.

Raelian Movement (International Headquarter)

P.O. Box 225
CH-1211 Geneva 8
Switzerland
E-mail: int.hq@rael.org
Tel: + 41 763733666
Press: +1-514-366-3734
Clonaid: + 1-702-497-9186

Argentina :

Movimiento Raeliano de la Argentina
Avenida J.C. Lamon 27
6620 Chivilcoy
Provincia de Buenos Aires
Rep. de Argentina
Tel: 02346-15684387
Tel: 02346-425429

Australia :

Australian Raelian Movement
G.P.O. Box 2397
Sydney NSW 2001
Australia
Tel: (02) 66 295 388
Fax: (02) 66 295 388
E-mail: australia@rael.org

Belgie/Belgique :

Mouvement Raelienne de Belgique
P.O. Box 2065
B-2600 Antwepen
Berchem
Belgie
E-mail: belgique@rael.org

Benin :

Mouvement Raelien du Benin
02 BP 1179 Cotonou,
Benin
Tel: (229) 30.52.82
Fax:(229) 32.34.18
E-mail: givam@yahoo.com

Brasil(Brazil) :

Movimento Raeliano Brasil
Caixa Postal 9044
CEP 22272-970
Rio de Janeiro RJ
Brasil
E-mail:raelbrasil@starmedia.com

Burkina Faso :

Mouvement Raelien du Burkina Faso
B.P. 833
Bobo Dioulasso
Burkina Faso
ou 04 B.P. 8224 Ouagadougou 04,
Burkina Faso
Tel: (226) 98.07.02
Fax:(226) 98.07.02
E-mail: manaka.douanio@ird.bf
ou E-mail: raelburkina@hotmail.com

Canada :

Canadian Raelian Movement
C.P. 86, Succursale, Youville
Montreal (QC) H2P 2V2
Canada
E-mail spanish: daniel.turcotte@rael.org
E-mail english & french:
        raelcanada@yahoo.com

Chile :

Movimiento Raeliano de Chile
Casilla 390
Centro Casillas,
Santiago de Chile
Chile
E-mail: algonz36@hotmail.com

China :

China Raelian Movement
c/o Japanese Raelian Movement
Tokyo-To,
Shibuya-Ku
Shibuya 2-12-12
Miki Biru 401
Japan 150-0002
Tel : (+81)3-3498-0098
Fax : (+81)3-3486-9354
Email: china@rael.org

Colombia :

Movimiento Raeliano de Columbia
Transv. 39B# 70-83
Medellin
Colombia
E-mail: raelcolombia@city.net.co

Congo :

Mouvement Raelien du Congo
BP 2872, Brazzaville
Congo Brazza
Tel: (242) 51.03.07
Fax:(242) 81.34.64

Cote d'Ivoire :

Mouvement Raelien de Cote d'Ivoire
05 BP 1444
Abidjan 05
Cote d'Ivoire
Tel:(225) 20.37.03.32 dom
E-mail: boniyves@hotmail.com

Deutschland(Germany) :

Deutsche Rael-Bewegung
Postfach 1252
D-79372 Muellheim
Deutschland
Tel: 49 (0)7631-16489
Fax: 49 (0)7631-16489
E-mail: lterstenjak@compuserve.com

Espana(Spain) :

Aptdo de Correos 19113
08080 Barcelona
Espana
Tel : +696 76 66 68
E-mail: rael_espana@hotmail.com

France :

Mouvement Raelien de France
B.P. 26
F-75 660 Paris Cedex 14
France
Tel: +33 (0)6 16 45 42 85
E-mail: france@rael.org

Gabon :

Mouvement Raelien du Gabon
B.P. 22171
Libreville
Gabon
Tel: (241) 58.16.00 dom
Fax:(241) 58.14.47
E-mail: jr.ogoula@voila.fr

Greece :

Greek Raelian Movement c/o IRR
P.O. Box 225
CH-1211 Geneva 8
Switzerland
Tel: +41 79 212 50 05
Fax: +41 79 0212 50 05
E-mail: int.hq@rael.org

Guadeloupe :
Mouvement Raelien de Guadeloupe
BP 3105 Raizet Sud
97139 Abymes
Guadeloupe
E-mail: chelim_constant@yahoo.fr

Hawaii :
Hawaiian Raelian Movement
P.O. Box 278
Kailua, HI 96734
USA
E-mail: kalamaohi@prodigy.net

Hong Kong :
Hong Kong Raelian Movement
c/o Japanese Raelian Movement
Tokyo-To,
Shibuya-Ku
Shibuya 2-12-12
Miki Biru 401
Japan 150-0002
Tel : (+81)3-3498-0098
Fax : (+81)3-3486-9354
E-mail: hongkong@rael.org

India :
Indian Raelian Movement
P.O. Box 2058
Kalbadevi Post Office,
Mumbai 400 002
India
E-mail: indianraelianmovement@yahoo.com

Iran :
Iranian Raelian Community
c/o Raelian Religion
P.O. Box 56, Station D, Toronto ON M6P
3J5
Canada
Tel: 416-225-1853
Fax: 416-225-2744
E-mail:iran-info@rael.org

Ireland :
Irish Raelian Movement
P.O Box 2680
Dublin 7
Ireland
Tel: +087 9291746
or 087 6261253
E-mail: irishraelian@oceanfree.net

Israel :
Israeli Raelian Movement
P.O. Box 27244
Tel-Aviv Jaffa 61272
Israel
Tel: +972 (0)3 699 9869
Fax: +972 (0)3 699 3941
E-mail: rael_org@netvision.net.il

Italia :
Religione Raeliana
C.P. 202
I-33170 Pordenone
Italia
E-mail: Religione.Raeliana@rael.org

Japan :
Japanese Raelian Movement
Tokyo-To,
Shibuya-Ku
Shibuya 2-12-12
Miki Biru 401
Japan 150-0002
Tel : (+81)3-3498-0098
Fax : (+81)3-3486-9354
E-mail: hideaki6@rr.iij4u.or.jp

Korea (south) :

Korean Raelian Movement
K.P.O. Box 399
Seoul 110-603
South Korea
Tel: +82-2-536-3176
Fax: +82-2-594-3363
E-mail : korea@rael.org

Martinique :

Movement Raelien Martiniquaise
B.P. 4058 TSV
97254 Fort-de-France Cedex
Martinique

Maurice (Ile) :

Mauritius Raelian Movement
4, Robinson Lane
Phoenix
Ile Maurice
Tel: (230) 627.4251
Fax: (230)627.4251 s/c Dantel Service
E-mail: mauritius@rael.org

Mexico :

Movimiento Raeliano de Mexico
Apartado Postal #57-002
Mexico 06500 D.F.
Mexico
E-mail: nortoral@df1.telmex.net.mx

Nederland :

Nederlandse Raeliaanse Beweging
Postbus 10662
2501 HR. Den Haag
Nederland
Tel: +31 (0)20-6686512
Fax: +31 (0)20-6686512
E-mail: netherlands@rael.org

Nepal :

Nepalese Raelian Movement
GPO Box 10857
Kathmandu
Nepal
E-mail: ndiurnal@ccsl.com.np

New Zealand :

New Zealand Raelian Movement
P.O. Box 1744
Shortland Street, Auckland
New Zealand
Tel: (07) 856 1666
Fax: (07) 856 4666
E-mail: nz.raelian@xtra.co.nz

Panama :

Movimiento Raeliano de Panama
Aeropuerto Internacional de Panama
Zona #14
Panama
E-mail: ptymx@pty-co.pa.dhl.com

Peru :

Movimiento Raeliano del Peru
Avenida Benavides 955 14/A
Miraflores, Lima
Peru
E-mail: msevilla@ec-red.com

Philippines (The) :

Philippine Raelian Movement
UP Box 241
University of the Philippines
Diliman, Q.C.
Philippines 1101
E-mail: kingnamo@hotmail.com

Polska :
Religia Raelianska w Polsce
c/o Iwona Adamczak
00-950 Warszawa 1
Polska
Tel: +48 (0)604 860 722
E-mail: rael_polska@go2.pl

Polynesie Francaise :
Mouvement Raelien de la Polynesie Francaise
Emilie BALDASSARE
B.P. 543 MAHAREPA
98728 MOOREA
Polynesie Francaise
E-mail: emilie@mail.pf

Portugal :
Movimento Raeliano Portugues
Apartado 2715
1118 001 Lisboa
Portugal
E-mail: raelportugal@hotmail.com

Reunion (Ile) :
Association Raelienne de la Reunion
4, Robinson Lane, Phoenix
Ile Maurice
Tel: (262)44.59.86
Fax: (262)44.59.89
E-mail: arsamia@iname.com

Russia :
Russian Raelian Movement
109391, a/ya 61
Moscow
Russia
Tel:+41 79 212 50 05
Fax:+41 22 343 06 56
E-mail: dmitry_rael@hotmail.com

Schweiz/Suisse/Svizzera:
Mouvement Raelien Suisse
Case Postale 176
CH-1926 Fully
Suisse
Tel: + 41 (0)79 690 68 41
E-mail: info.ch@rael.org

Singapore :
Singapore Raelian Movement
Block 6
Marine Terrace 09-226
Singapore 1544
E-mail: leslo@po.pacific.net.sg

Slovakia :
Raelianske Hnutie na Slovensku
P.O. Box 117
820 05 Bratislava 25
Slovakia
Tel: +421 (0)905 184 684
E-mail: rael_slovensko@pobox.sk

Slovenia :
 Raeljansko Gibanje Slovenije
Vojkovo nab.23
6000 Koper
Slovenia
E-mail: rael.si@iname.com

South Africa :
South African Raelian Movement
P.O. Box 1572
Boksburg 1460
Republic of South Africa

Sverige :

Svenska Raeliska Rorelsen
Box 1026
10 138 Stockholm
Sverige
Tel: +46 (0)70 604 04 14
E-mail: sweden@rael.org

Taiwan :

Taiwan Raelian Movement
P.O. Box 84-686
Taipei
Taiwan
Tel : +86 2 22344938
Fax : +86 2 22344938
E-mail: ysmjimmy@ms37.hinet.net

Tchad :

Mouvement Raelien du Tchad
Asecna BP 5629
N'Djamena,
Tchad
E-mail : reacen@intel.td (Message)
Tel : (235) 52.55.26 bur
Fax : (235) 52.62.31 bur

Thailand :

Thai Raelian Movement
P.O.Box 1556
Bangkok Post Office 10500
Thailand
E-mail: ninjanin@usa.net

Togo :

Mouvement Raelien du Togo
B.P. 1476
Lome
Togo
Tel: (228) 22.12.00 dom
Fax: (228) 21.73.50

U.K. :

British Raelian Movement
BCM Minstrel
London WC1N 3XX
England
Tel: +44 (0)20 8387 9273
E-mail: ebolou@yeye.freeserve.co.uk

U.S.A. :

United States Raelian Movement
P.O. Box 630368
North Miami,
Florida 33163
U.S.A.
Tel: 305.936.9292
Fax: 305.936.9292
E-mail: eng dzgrabow@hotmail.com
E-mail: esp Paula_Cote@excite.com

Venezuela :

Movimiento Raeliano de Venezuela
Segunda Sabana Urb. El Rincon
2nda Calle # 71
Bocono Edo. Trujillo
Venezuela
Fax: +58 72 521 621

Zimbabwe :

Zimbabwe Raelian Movement
P.O. Box 666
Zengeza, Chitungwiza
Zimbabwe
Tel : (263) 702.21.21 dom
Fax : (263) 702.22.27

색인(Index)

YES!
인간복제

지은이와
협의하여
인지생략

1판 1쇄 발행 / 2001 년 8 월 6 일
지은이 / 라엘
펴낸이 / 한국 라엘리안 무브먼트
번 역 / 정윤표
편 집 / 한국 라엘리안 무브먼트 편집부
펴낸곳 / 도서출판 메신저
주 소 / 서울 서초구 반포동 강남고속버스터미널빌딩 8 층 640 호
전 화 / 02-536-3176
FAX / 02-594-3363
출판등록 / 16-195(1988.8.1.)
ISBN / 89-85192-09-4 03300

값 8,000 원

※ 한국 라엘리안 무브먼트 연락처 : 02-536-3176
        (e-mail: korea@rael.org)